ARM 与 DSP
硬件特色和编程指南

王潞钢　何　超　姜　涛　著
黄玉平　　王春明　审校

北京航空航天大学出版社

内 容 简 介

本书以 ARM 和 DSP 为切入点,深入高档微处理器的硬件特色和编程指南。

作为第一线的 ARM 和 DSP 开发者,作者以实用性为出发点,细致入微地讲解编程的方方面面,并给出应用范例,在程序设计的殿堂里,帮助学习者登堂入室。

全书文笔轻松,举一反三,明确表达作者观点,而非厂家手册的翻译和宣传,可作为软件工程师提升编程能力的指南。

本书内容安排由浅入深,习题注重拓展学生发散性思维,可作为高等院校本科生和研究生教材。

图书在版编目(CIP)数据

ARM 与 DSP 硬件特色和编程指南 / 王潞钢,何超,姜涛著. -- 北京:北京航空航天大学出版社,2022.6

ISBN 978 - 7 - 5124 - 3731 - 9

Ⅰ. ①A… Ⅱ. ①王… ②何… ③姜… Ⅲ. ①微处理器－程序设计－指南②数字信号处理－程序设计－指南

Ⅳ. ①TP332 - 62②TN911.72 - 62

中国版本图书馆 CIP 数据核字(2022)第 012141 号

ARM 与 DSP 硬件特色和编程指南

王潞钢 何 超 姜 涛 著

黄玉平 王春明 审校

策划编辑 胡晓柏 责任编辑 胡晓柏 张 楠

*

北京航空航天大学出版社出版发行

北京市海淀区学院路 37 号(邮编 100191) http://www.buaapress.com.cn

发行部电话:(010)82317024 传真:(010)82328026

读者信箱:emsbook@buaacm.com.cn 邮购电话:(010)82316936

北京一鑫印务有限责任公司印装 各地书店经销

*

开本:710×1 000 1/16 印张:14.75 字数:297 千字

2022 年 6 月第 1 版 2022 年 6 月第 1 次印刷 印数:3 000 册

ISBN 978 - 7 - 5124 - 3731 - 9 定价:49.00 元

前　言

简而言之,本书讲述 ARM 和 DSP 微控制器。

数字信号处理器(DSP),顾名思义,原本是为高速数字信号处理而设计的专用微处理器。相对于传统单片机,DSP 以高性能著称。DSP 最初用来处理语音算法,后不断拓展其用途。20 世纪 90 年代 16 位系列 DSP 顺利杀入高端微控制器领域,现在 DSP 已经升级到 32 位。

ARM 是新晋明星处理器,出身即 32 位,采用授权而非自己制造的商业模式,首先在手机领域获得成功。早期诺基亚时代(似乎那是一个很远的时代了),双核 CPU 是一种常见架构:ARM 负责人机交互,强劲的 DSP 负责底层的语言处理。

挟手机领域成功的威力,ARM 改进成 M 系列架构后,在高端微控制器领域占据了领导地位,高端系列的 ARM 芯片也引入了 DSP 指令集。

微控制器的应用非常分散,很难想象一款微控制器就可以统一全部市场。

德州仪器公司(TI)在 DSP 领域领先,意法半导体公司(ST)在 ARM 领域领先。

如果用一句话来汇总两者的市场定位,那就是:DSP 追求性能,ARM 追求通用性。

本书内容主要基于上述两家公司的 DSP 和 ARM 微控制器。

谁将从本书获益?

这个命题的等价形式是:本书的目标读者定位为哪些人?

本书读者定位为:

- 准备学习 DSP 和 ARM 的大学生和研究生

作者着眼于帮助初学者,绕开学习过程中的暗礁,启发独立思考,举一反三,拓展发散性思维,深入探索实用细节,既有理论性又有实用性,成长为两手硬的高级软件工程师。

本书特色是拥有自己的态度和深度,而不是厂家手册的翻译。

本书第 2 章帮助初学者轻松建立起一个工程实例。

- DSP 和 ARM 的软件工程师

本书在诸多实用技术上,例如 C 语言高级特性、引入软件工程到小巧的 DSP 和

ARM编程、避免不可重入性、标幺化和定标编程等,助力软件工程师进一步登堂入室,提升自己的专业水平。

- 传统单片机设计人员

本书的写作过程中参考了一些单片机书籍,考虑到本书主要讲述的是嵌入式 C 语言编程,而较少涉及硬件,相信对传统单片机设计人员也有很好的借鉴意义。

本书的特色:

(1) C 语言是一门"诡异重重"的语言,即便用了 C 语言若干年的程序员,也仍会碰到一些困惑不已的特性。在 DSP 和 ARM 编程领域里,标准 C 语言教科书还不够实用。本书单辟一章,严格区分标准 C 和扩展 C,深入讲解 C 语言的实用特性,绕过 C 语言的暗礁细节,加强 C 语言的肌肉训练。

(2) 软件界越来越多把软件看成工程,这从数量众多的《软件工程》书籍名称可看出。工程者,一半科学理论,一半实践艺术。编程不是纯书本的东西。市面上讲述软件工程的书籍几乎都是用 C++、JAVA 之类面向对象语言叙述,而对大多数微控制器工程师,看懂这些书籍难度颇大。

本书管中窥豹,对软件工程中具体的类、对象、结构化、模块化编程等几点,做了深入探讨。凡问题涉及历史,笔者都花心血追根溯源、讲清来龙去脉。

一本书没有自己的观点,只能称为堆砌;一本书没有引述权威主流的观点,说服力会大打折扣。平衡此二者,本书把庞大繁杂的面向对象、软件工程等内容,引入到小巧的 DSP 和 ARM 编程中。

(3) 采用标幺值是好算法的不二法门,Q 格式的六则运算则是编写定点处理器算法的基本功。DSP 和 ARM 里的定点处理器系列,使用 Q 格式最方便不过,如果读者想要参考芯片厂家网站上提供的算法级例程,请务必看明白标幺化和 Q 格式一章。

(4) 即使是顶尖级的程序员有时也会犯可重入性问题,本书深入讨论可供使用的可重入性技术,这要比市面上泛泛而论且一笔带过的书籍深入许多。

(5) 如果读者对自己的程序感觉不错,请尝试通过 lint 检查,不断滚动的警告会让自己明了差距所在。IT 界著名公司(如 SUN、惠普等)都设置有自己的 lint 检查,本书列出一章来讲述包括 lint 在内的实用工具。

(6) 本书讲解微控制器硬件特点,但并不局限于某一款具体型号,更不做厂家硬件手册的翻译。本书娓娓道来 32 位高端微控制器 DSP 和 ARM 的优缺点,讨论其硬件特色,启发学习者(无论学生还是从业者)的独立思考,第 1 章的硬件特色写作几乎是最累的。

(7) 本书精心准备了习题和例程。为方便教学,一些习题设计成敞开探讨式话题。实用性是本书选择例子的出发点,不再是点亮交通灯一类的简单例程,相信对这方面有需求的人会有很大帮助。

(8)随着代码越来越复杂,大公司都做了C语言的编程规范,比如微软、ARM、TI、ST等,各个行业还有自己的C语言规范,比如汽车行业。

参考这些规范,制定适合自己公司业务的编程规范,是保证代码移植性和维护性的不二法门,试想每个人都自己随意发挥,最终代码就是不忍淬读。本书借鉴了很多公司的编程规范,深入C语言细节,相信对制定适合自己公司的编程规范,避免一些潜在危险因素,非常有帮助。

希望最终的从业者,不是随心所欲发挥地编程,而是根据公司项目的实际出发,制订公司或项目的编程规范,平衡以下四样关系:公司项目特点、效率、可移植性、硬件厂家提供的外设库或算法库(易用但也常升级)。

本书不可能囊括所有,举凡C语言细节、软件工程等皆有取舍,取舍标准以实用为第一要义。为了体系的完整,本书在第1章也述及硬件,但即使是讲硬件,笔者也紧紧突显出DSP和ARM特色来。

看本书前必须知晓的基础知识:

虽然本书花了一章的篇幅来讲述C语言,但本书着重点在编程常遇到的难点和容易引起BUG之处,本书显然不是一本入门的C语言书。

读者应有些C语言基础:知晓变量、数组、结构体、函数的定义,指针的简单用法等。考虑到C语言已成为工科专业的基础课,大部分工科的学生应该具备此基础。

本书不需要读者预先掌握数字信号处理理论等其他知识。

致谢:

感谢航天一院18所同事:曾思、孔建平、张科、黄玉龙、王海洋、刘帅、赵洪艳、王言徐、袁建光、杨丽、赵龙、肖林、韩现会、侯武、胡红蛾等正在共事者;还有曾经共事者:朱成林、李建明、韩志富、黄卫华、黄玉平、王春明、郑华义、于亚洲、何友文、许明理、赵国平、郑再平、李治国、于洋、白玉新、冯其塔、马建恒、周峰、赵建喜、邓侃等,他们给予的管理和技术分享。

感谢陈果在电气技术细节和管理上的深入探讨。

航天一院18所是由曾广商院士创建的伺服技术中心,在航天伺服领域处于坐二望一的地位,更多18所的军民品介绍、军民产业、人力动向、客观评述等,我会分享在序言末的网页。

有一天晚上辅导五岁小朋友写作业,我可能言语有些着急。

小朋友很不满的反问:"你是爸爸?还是老师?!"

ARM与DSP硬件特色和编程指南

4

我意识到小朋友不满的潜台词:你又不是老师,为什么像老师那样督促我。

我微微一笑:"那我写本书吧,这样爸爸也就能算是老师了。"

也祝小朋友王珺蕙,在即将入学的道路上,天天向上。

好书需要完善:

笔者下了很多功夫来努力写好本书,你会发现很多同类书中看不到的东西。

如果你觉得本书还不错,请不要吝啬你的掌声。

如果你发现本书的不足或者有所期待,欢迎批评指正,受人指教武艺高。

本书是分工合作的结果,但本书所有的错误还是应由我一人来总负责。

程序编完后,更多的时间是用来完善程序——驱除BUG。写作一本书,自然也应如此,笔者新开辟了一个网页,将随时在网页上公布书中的错误,提供完善的后续服务。

网页:https://www.douban.com/people/ARM_DSP

本书在嵌入式软件架构上没有着墨太多,虽然这十分关键。单片机软件工程师多是在有限的时间内,以编写软件功能、解决问题或提升算法性能为导向,几乎没有人关注整体软件架构和质量。有兴趣于此的学习者,建议多实践几个项目,成功和失败的项目都会增加你对代码架构的理解,多站在总体角度上思考:整个软件架构如何能更简化、更有条理、更好的抽象封装。

笔者看过很多公司的单片机代码,大部分代码到最后都是混乱的,真是应了托尔斯泰的话:"幸福的代码(家庭)都是相似的,不幸的代码各有各的不幸"。有的是因为开始时就没有打好架构基础导致混乱,有的是因为程序员更迭导致的编程随意性,有的是因为公司软件规范制定的就是空中楼阁且从不更新,有的是代码几乎丧失了移植性,只能运行在很老的芯片上不敢升级,不一而足。

公司软件架构交流或公司产品交流,个人交流或反馈,请发送邮箱:wlg_arm_dsp@126.com。

王潞钢

2022年6月

目　录

ARM与DSP硬件特色和编程指南

目　录

第 1 章

高性能微控制器的特色硬件及汇编

微控制器(MCU)也称为单片机,相当于一个微型的计算机,集成 CPU、存储器、A/D 采样、I/O、CAN 等各种外设到一块硅片上,嵌入到应用对象系统中。

相对于通用 CPU(如 x86 系列电脑处理器),微控制器集成了更多外设,也对价格、尺寸、功耗等方面限制比较多。

2009 年,32 位微控制器的销量超过 8 位微控制器。2011 年时,32 位微控制器的销量已经超过 8 位和 16 位微控制器之和。

今天微控制器的市场格局:32 位的出货量最大,8 位和 16 位相差不多,全球约 200 亿美元的市场规模(其实这不是一个非常大的市场,但是比较核心和重要)。

本章以 32 位微控制器的佼佼者 DSP 和 ARM 为例,讨论其硬件特色,我们将会娓娓道出这些微控制器的优缺点,启发学习者(无论学生还是从业者)的独立思考。

ARM 的中高端系列也集成了 DSP 指令集,所以我们先从讨论 DSP 特色开始。

1.1 TI 公司 DSP 及微控制器

DSP 有两个意思,既可以指数字信号处理这门理论,此时它是 Digital Signal Processing 的缩写;也可以是 Digital Signal Processor 的缩写,表示数字信号处理器,有时也缩写为 DSPs,以示与理论的区别。本书中 DSP 仅用来代表数字信号处理器。

DSP 对系统结构和指令进行了优化设计,使其适合于执行数字信号处理算法(如 FFT、FIR 等)。DSP 运行速度非常快,在数字信号处理的方方面面大显身手。

德州仪器公司(Texas Instrument,简称 TI)目前是 DSP 领域的领先者,在介绍 DSP 之前,先扼要地介绍一下其 DSP 产品线。

自 1982 年推出第一款 DSP 后,TI 公司不断推陈出新,占据了 DSP 市场相当大的份额。

TI 公司的 DSP 经过完整的测试出厂时,都是以 TMS320 为前缀。

TI 公司把市场销量大和前景看好的 DSP 归类为三大系列：

1. C6000 系列

- 包括 C66x、C674x、C64x 系列；
- 456 MHz～1.4 GHz；
- 32 位；
- 定点和浮点；
- 该系列主打特点是高性能，如图 1.1 所示；
- 适合于宽带网络和数字影像应用等。

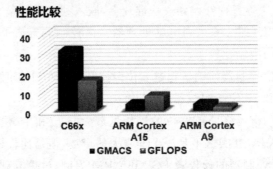

图 1.1　DSP C6000 的性能确实很高

2. C5000 系列

- 主打 C55x 子系列；
- 50 MHz～200 MHz；
- 16 位；
- 定点；
- 该系列主打特点是低功耗；
- 适合于便携式上网和语音处理等。

3. C2000 系列

- 基于 C28x 内核；
- 60 MHz～200 MHz(内部命名 Piccolo、Delfino 两个子系列)；
- 32 位；
- 定点和浮点；
- 该系列主打特点是高性能的控制；
- 适合于工业控制等微控制器应用领域。

TI 公司的 C2000 即微控制器系列，其中，TMS320F280xx 属于中低端微控制器,60 MHz～120 MHz。TMS320F283xx 属于高端微控制器,100 MHz～200 MHz,包括 TMS320F28335、TMS320F28377D 和 TMS320F28388D 等。

C2000 针对控制领域做了优化配置,适合逆变器、电动机、机器人、数控机床、电力等应用领域。电力电子领域的核心技术之一是脉冲宽度调制(PWM),C2000 为此专门设计了能产生 PWM 的外设,方便用户生成 PWM、调节死区等。

C2000 定位在微控制器应用领域,包含了大量片内外设,如 I/O、SCI、SPI、CAN、A/D 等。这样 C2000 既能作为快速微控制器来控制对象(传统单片机功能),也能作为 DSP 来完成高性能的数字信号处理。DSP 的高性能与通用微控制器的方便性紧密结合在一起。

这种带有 DSP 功能的微控制器,也被 TI 公司称为数字信号控制器(DSC)。

巧合的是,ARM 公司把带有 DSP 指令集的 M4 系列微控制器,也称为 DSC。

不是厂家的所有技术性命名和定义都是合理的。从市场推广角度,ARM 公司这么称呼是可以接受的,但 TI 公司这么称呼是不明智的,请读者先思考下,我们将在小结中讨论。

在高性能微控制器领域,16 位微控制器已完全让步于 32 位微控制器。因此早期经典的 16 位 DSP,比如 TMS320F2407 等,已退出历史舞台。

1.2　高性能微处理器的硬件特色(以 DSP 为例)

本节通过一些硬件结构和特色指令,仔细讲解高性能微处理硬件特色,为避免泛泛而谈,将以 C28x 内核的 C2000 系列 DSP 为例来讲解,顺便讲解 DSP 共同的特色。

跟所有的 CPU 一样,高性能微处理硬件设计者的永恒目标之一是速度快(同样的 CPU 时钟频率前提下)。

衡量微处理器的常用指标是 MIPS,衡量浮点微处理器的常用指标是 MFLOPS。

MIPS 是 Million Instructions Per Second 的简写,每秒钟执行的百万指令数,是衡量定点计算速度的指标。

MFLOPS 是 Million Floating-point Operations per Second 的简写,每秒执行的百万浮点操作,是衡量浮点计算速度的指标。

1. 硬件结构

(1) 哈佛结构

冯·诺依曼体系通常指的是计算机系统基本结构和基本机理,具体包括三部分:

● 计算机的硬件系统由五个基本部分组成:运算器、控制器、存储器、输入和输

ARM与DSP硬件特色和编程指南

出设备。

● 采二进制形式表示数据和指令。

● 存储程序。

其中,按照程序和数据存储方式的不同,存储器可以分为两类:

● 普林斯顿结构,也称为冯·诺依曼结构:程序空间和数据空间共用一套地址总线和数据总线,且地址统一编址,如 x86 系列。

● 哈佛结构:有多套总线,严格区分程序空间和数据空间。

请注意:上述冯·诺依曼体系指的是计算机体系,当然也包括微控制器,冯·诺依曼结构(普林斯顿结构)指的是一种存储方式,为避免混淆,本书只采用普林斯顿结构名称。

现今的高性能微处理,几乎都开始采用哈佛结构。

下面以 C28x 为例讲解哈佛结构。

C28x 总线包括:

➢ 读程序的地址总线和数据总线;

➢ 读数据的地址总线和数据总线;

➢ 写数据的地址总线和数据总线。

注意:由于嵌入式程序运行时较少有改变程序行为(动态加载程序),所以 C28x 没有写程序的独立总线。

➢ 写程序时的地址总线,共用读程序的地址总线;

➢ 写程序时的数据总线,共用读程序的数据总线。

相对于普林斯顿结构的共用总线,C28x 的哈佛结构允许同时读程序指令、读数据、写数据,大大减少流水线的总线冲突,提高了处理器的并行计算能力。

改进型哈佛结构

实践中,哈佛结构总是有些变形,比如上述写程序总线就不是严格的独立总线。

仍以 C28x 为例,虽有独立的多套总线,但统一将程序空间和数据空间映射到一套地址——地址统一编址,这又类似普林斯顿结构的地址编码方式。统一编址有利于 C 语言编程和操作系统管理内存。

有些辅助器件,比如 DMA、辅助浮点处理器 CLA(控制律加速器)等,也采用独立总线来加快速度。

早期的 16 位 DSP 有独立的 I/O 空间,现在已取消了,主要原因是 C 语言访问 I/O 空间时效率极其低下(不支持连续访问),且用处不大。

注意:多套独立总线指的是微控制器片内总线,片外都是共用一套总线。

（2）流水线

微处理器有若干级流水线，流水线是透明的。当声称一个东西是透明（transparent）时，其表达的意思是：这个东西在物理实现上是确实存在的，但用户和程序员却感觉不到和看不见。

实际上，因为有些指令在流水线上同时运行会产生冲突，此时需要插入空指令 NOP，所以流水线也不是完全透明的。

流水线设计的目的是：大幅加快 CPU 硬件处理速度，而不改变程序员的编程方式——程序员根本不用考虑它的存在，实际由编译器来化解所有冲突。

流水线把一条指令拆解成若干个独立的阶段，一个阶段就是一个机器周期。

如果只处理一条指令，流水线并不能加快运行速度，仍需要若干个机器周期才能完成一条指令。

但如果处理多条指令，流水线一旦全速运行起来，等同于每一个机器周期都能完成一条指令。

把流水线拆分成若干阶段常需要硬件其他方面的支持，比如存储器的哈佛结构能保证取指令和操作数时总线不容易发生冲突。

由于执行跳转指令时要清空流水线，所以跳转指令都不是单机器周期，相对来说比较慢的。

下面以 C28x 为例讲解流水线。

C28x 有 8 级流水线，如图 1.2 所示。

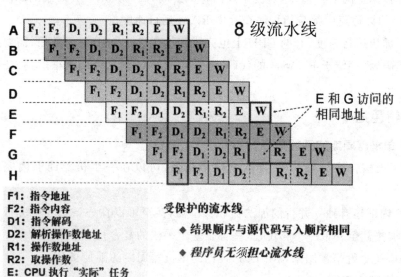

F1：指令地址
F2：指令内容
D1：指令解码
D2：解析操作数地址
R1：操作数地址
R2：取操作数
E：CPU 执行"实际"任务
W：将内容存储到存储器

受保护的流水线

◆ 结果顺序与源代码写入顺序相同

◆ 程序员无须担心流水线

图 1.2　C28x 流水线框图

(3) CPU 内核包括多个独立硬件单元

CPU 内核中包括多个独立硬件单元：移位器、乘法器、算术单元等。

传统 DSP 以定点 DSP 为主，主要是考虑到功耗比较小。通过增加浮点处理单元(FPU)也能变成浮点 DSP。

浮点微控制器会增加些功耗，基于浮点微控制器的编程时处理小数要比定点微处理器简单得多。

目前发展的趋势是加入越来越多的独立硬件单元，独立硬件单元提高了微控制器的并行处理能力，大大加快了运算速度。

下面以 C28x 为例讲解独立硬件单元。

C28x 内核中最新加入的独立硬件单元包括：除法器、三角函数硬件、读改存硬件 ALU、辅助浮点处理器 CLA(控制律加速器)等。

(4) 硬件堆栈和软件堆栈

微控制器内部具有若干级硬件堆栈。

考虑到函数嵌套，硬件堆栈不一定够用，所以实际调用函数时，编译器会把存放于硬件堆栈的地址重新弹出到软件堆栈的存储空间。

以 C28x 为例，其内部具有 8 级深的硬件堆栈。

(5) RAM 的运行速度快于 FLASH

由于工艺不同，代码在 FLASH 的运行速度，远慢于在 RAM 的运行速度。

片外存储空间运行速度，要慢于片内存储空间，因为共用一套总线的缘故。

CPU 的标称速度都是指程序在片内 RAM 运行速度。

为了加快运行速度，有的 CPU 上电完成初始化进入 main()函数后，需要执行一段搬运代码，将存储于 FLASH 的代码，搬运到 RAM 运行，才能真正达到 CPU 的标称速度。

2. 特色指令

(1) 单机器周期的乘加指令 MAC

C28x 内核有一个 32×32 位的硬件乘法器，可以在一个机器周期内完成一个乘法。

DSP 内部还有独立并行的加法器和移位器，甚至可以在一条指令中完成一个乘法、一个加法甚至外带一个移位，这些都是基于乘法的复合指令。

MAC 指令就是常用来说明 DSP 特色的单机器周期的乘加指令。

(2) 位倒序寻址

快速傅里叶变换(FFT)的计算，需要位倒序寻址——与正常的二进制进位不同，这是逆向的二进制进位。

正常加法进位方式是：

$$0010B + 0010B = 0100B$$

即，向高位进位。

位到序加法进位方式是：

$$0010B + 0010B = 0001B$$

即，向低位进位。

DSP 提供位倒序寻址，来大幅加快了 FFT 的计算。如果对 FFT 计算概念不是非常清楚，请参考一些经典的数字信号处理教材。

以 C28x 为例，寻址属于汇编指令的操作数部分，其位倒序具体操作指令是：

```
* ARx + 0B、* ARx - 0B
```

(3) 零开销循环指令 RPT

完成循环，一般需要跳转指令 B 执行若干次（跳转指令一遍还会清空流水线）。RPT 指令完成重复循环操作，只需执行一次。

零开销循环指令 RPT 句法：

```
RPT    loc16                    ;寻址
RPT#k                           ;短立即数
```

将被寻址数据存储器单元或短立即数寻址中的值，送入重复计数器（RPTC），紧接 RPT 后的指令被重复执行 n 次，n 为 RPTC 初始值 +1。

说明：RPT 指令只执行一次，后面紧接着的一条指令，执行 n 次。

例如：

```
RPT    #15            ;该指令只执行 1 次，RPTC 计数器装入立即数 15
SUBCU  ACC, *         ;该指令重复 16 次，实际完成一个除法功能
```

RPT 很适用于块移动、乘加和规格化等，该指令自身不可重复。循环指令 RPT 一旦启动，多机器周期的指令常常能转化为单周期机器指令，大大加快了指令执行速度。RPT 实际是由 DSP 内核的硬件重复计数器（PRTC）支持实现的。

循环指令 RPT 的缺陷是：由于上下文转换时不能保存 PRTC 的值，所以 RPT 指令可被认为是一个多周期指令，即执行时不能被中断。

(4) 复杂的除法

虽然有值得称道的单机器周期的硬件乘法器，但多数 DSP 没有硬件除法器。

这主要和 DSP 的应用有关：DSP 主要应用在 FFT、FIR、卷积等数字信号处理中，而这些运算主要用到的是乘法、加法、移位，几乎用不到除法。

除了可以通过移位和 Q 格式来替代完成一部分除法的功能外，DSP 内部有一个

条件减指令 SUBCU,该条指令完成一个减法和移位。除法本质是由减法和移位来实现的。

条件减指令 SUBCU 可用于实现除法。用法如下:

正 16 位被除数置于累加器 ACC 低 16 位,累加器高 16 位清零,正 16 位除数存于数据存储单元,然后执行 SUBCU 指令 16 次。除法结果为:商位于累加器低 16 位,余数在累加器高 16 位中。如果累加器值或数据存储单元值为负,则不能将 SUBCU 指令用于除法。

以间接寻址为例,除法用法及示意图如图 1.3 所示。

```
RPT # 15
SUBCU  ACC, *                     ;该指令重复16次,实际完成一个除法功能
```

图 1.3　间接寻址的除法示意图

指令 SUBCU 能完成一个带有条件判断的减法和移位。单条 SUBCU 指令的功能是令人费解,难以看懂的,下面做扼要说明。

除法在本质上可以拆分成减法和移位,除法既可以在电路层次上完成,也可以通过软件来完成。完成一个除法主要有两种算法:恢复余数法和更快速的不恢复余数法。两种算法都不难但比较烦琐,有兴趣的读者可以参阅有关书籍,但显然程序员只需要会应用就行了。

SUBCU 指令就是恢复余数法在硬件上的实现。配合 RPT 循环指令,SUBCU 指令可完成一个除法。C28x 用软硬件配合的方法来共同完成一个 16 位除法。完成 1 个除法,单机器周期 SUBCU 指令执行 16 次,再加上单机器周期 RPT 指令执行 1 次,总共需要 17 个机器周期。

SUBCU 指令还有一个不常用到的变形:若 16 位被除数所含有效位少于 16 位,则被除数可左移后置于累加器中,左移位数由 16 位被除数高位 0 的个数决定。SUBCU 指令执行的次数为 16 减去移位次数。这点通过仔细查看指令功能就非常好理解:前几次 SUBCU 指令实际上只是移位而已。

虽然 SUBCU 指令是 16 位正数才能用的除法,但通过事先求取符号等,也能完成更复杂的除法,C 语言中的除法运算符"/"的实现,就包含了 SUBCU 指令。

C2000 系列 DSP 发展方向是微控制器领域,而不仅仅是传统的数字信号处理领

域,因此硬件除法器也开始出现在最新的 C28x 系列 DSP 中,比如 TMS320F28377。

　　真正属于 DSP 特色的,就是为加速完成 FFT 汇编指令及其对应的硬件实现,具体包括:乘加指令、位倒序寻址、零开销循环指令 RPT,这体现了早期 DSP 专用于数字信号处理的特色。

　　其他硬件结构和汇编指令,并不能算 DSP 独有,被大多数高性能微控制器支持。DSP 也在不断借鉴其他先进微控制器的优点,融入自己的硬件结构和指令体系里。

双核 DSP——TMS320F28377D

　　TMS320F28335 是一款经典 C28x 内核微控制器,第一次引入浮点运算单元,在市场上大获成功。

　　TI 公司顺势推出基于 C28x 内核的双核 DSP(TMS320F38377D,如图 1.4 所示),是 C2000 主流应用里性能最强的 DSP,也远远超过了 C5000 平台 DSP。

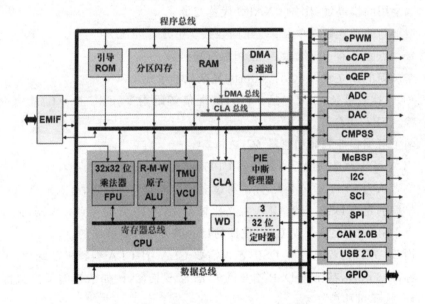

图 1.4　F28377D 内部框图(图中只画出一个 CPU,另一个 CPU 完全一样)

　　本节以该款 DSP 为例,讲解其硬件特色,读者可以看出高性能微控制器未来演化的细节。

- 双核架构(两个 32 位 C28x 内核)。
- 最高运行频率为 200 MHz。
- 内置单精度浮点处理单元(FPU)。
- 增加新的独立硬件单元,即原子读改写(ALU):

ALU 能一条汇编指令完成：读数据、简单的修改数据、写回数据。

ALU 运算不再经过累加器 ACC，一定程度上解放了繁忙的核心部件 ACC。

例如，对于语句：

　　a ＝ a ＆ 0x00FF；

仅需一条 ALU 指令：

　　AND a，＃00FFh

就能完成：读取变量 a，对变量 a 与操作，写回变量 a。

而这以前需要三条汇编指令来实现。

```
MOV  AL, a        ;取变量 a 的数据到累加器 ACC 中的 AL
AND  AL, #00FFh   ;AL 和 00FFh 进行与运算,结果存放在 AL
MOV  a, AL        ;存 AL 的数据到变量 a
```

说明：以上汇编伪指令中，采用了容易理解的变量 a 实名来表示，真实的汇编会用间接寻址，比如＊XAR2 代替变量 a。

- 增加新的独立硬件单元：三角函数数学单元（TMU）：
含浮点除法器、正弦、余弦、正切等三角函数。
- 增加新的独立硬件单元：Viterbi 复杂数学单元（VCU）：
VCU 比较繁杂，主要包括：Viterbi 通信解码指令、CRC 指令（加快 CRC 校验）、FFT 指令等。
- 两个可编程控制律加速器（CLA）：
CLA 可认为是辅助浮点处理器 CPU，可自定义独立编程。
笔者认为 CLA 意义不大，除了考虑老代码的兼容性以外，有点累赘。
早期的定点 DSP，内置 CLA 意义比较大，因为 CLA 是浮点处理器，弥补了定点 DSP 的不足。早期 CLA 设计的目的就是做控制算法的。
而 28377D 已经是浮点 DSP，不再需要 CLA；且 CLA 编程极其麻烦，不支持标准 C 语言，甚至跟 DSP 本身的 C 语言不兼容，比如数据类型位数都不一样，代码可移植性差。

在双核 DSP 的基础上，TI 推出了更强劲的三核微控制器（TMS320F28388D），两个 DSP C28x 内核和一个 ARM 内核。

1.3　ARM 内核

根据语境的不同，ARM 既用来指英国 ARM 公司，也指采用 ARM 架构的芯片。

英国 ARM 公司是一家颇为传奇经历的公司，既不生产芯片也不销售芯片，它只出售芯片技术知识产权（授权 IP，含指令集、微内核等），即卖芯片设计方案的商业模式。

20 世纪 90 年代 ARM 公司成立于英国剑桥,早期的 ARM 公司设计并生产处理器芯片,给苹果的掌上电脑供过货。公司发展不顺利,处理器的出货量徘徊不前。由于资金短缺,ARM 公司穷则思变,开始转型,不再制造芯片,只将芯片的设计方案授权给其他硬件公司,其他公司根据各自不同的应用领域,加入适当的外围电路(外设),生产芯片并推向市场。

ARM 公司宣称,其目前基本统一了全球的智能手机,并在微控制器领域里也占据了领导地位。

ARM 公司早先用数字命名处理器,比较成功的系列有:ARM7、ARM9、ARM11。

ARM 公司稍后大幅改进了内核设计,改用 Cortex 命名,并分成 A、R 和 M 三类,真正明晰地对不同市场定位,并提供授权服务。

简单来说,ARM 有三大系列:

(1) Cortex - A 系列

主打高性能系列,面向尖端的基于虚拟内存的操作系统应用,产品系列极其繁杂。

既有传统的 32 位架构,也有新增的 64 位架构,既有平衡高性能和低功耗应用于手机的型号,也有主打电脑服务器的型号。

(2) Cortex - R 系列

增加了一些安全机制,定位于高可靠和实时控制的领域。应用于汽车控制、医疗等领域。该系列的市场比较窄,目前也没有其他两大系列成功。

(3) Cortex - M 系列

即微控制器系列,跟传统微控制器在各个应用领域竞争。

上述 A、R 和 M 三个系列,有个比较巧妙记忆的方法,三个字母刚好组成了 ARM 公司的名字。

三个系列的本质差异是 CPU 内核不同,以最新的 v8 架构的 Cortex 处理器为例,Cortex - A 系列基于 v8A 架构,Cortex - R 系列基于 v8R 架构,Cortex - M 系列基于 v8M 架构。

本书只讨论 Cortex - M 系列微控制器。

Cortex - M 系列里的子系列非常丰富,包括:

● 低速度和低功耗定点系列:M0、M0+;

● 中端定点系列:M3;

● 中端含有 DSP 功能的可选浮点系列:M4;

● 高端含有 DSP 功能的浮点系列:M7;

● 加入安全机制系列：M23、M33、M35P。

这里缺少了 M1 系列，因为 M1 系列只适合于运行在 FPGA 上，不是通用的微控制器，所以不列入上述分类。

早期 ARM 是 32 位指令集，为进入微控制器领域，提供 16 位子指令集 thumb，从而提高了代码密度和加快了执行时间。但同时运行两套指令集，对编译器的要求高，需要来回切换指令集，切换的开销时间长。

吸取经验教训后，ARM 在设计 M3 时，直接采用混合型 16/32 位指令集 thumb-2。

图 1.5 为 Cortex - M3 内核功能块。

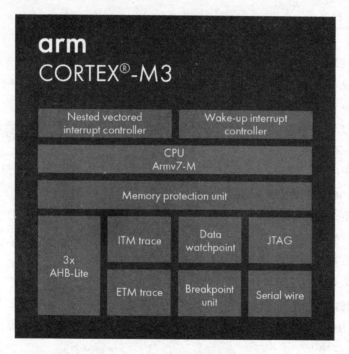

图 1.5　Cortex - M3 内核功能块

M3 是定点处理器，含硬件除法器，采用 16/32 位指令集 thumb-2。

在 M3 的基础上，M4 增加了 DSP 指令集和可选的浮点处理单元。

只有 M4 和 M7 系列，才进入到高端微控制器领域，跟 TI 公司的 DSP C2000 相抗衡。

鼎盛时的诺基亚不想受制于人，要找个比较通用的处理器，所以强势的诺基亚否定了 TI 公司推荐的自己的微处理器＋DSP 方案，接受了 TI 公司退而求其次的 ARM 微处理器＋DSP 方案，此时的 ARM 公司还名不见经传。

今天的智能手机领域里，诺基亚和 TI 公司已经败退，带点运气成分的后起之秀

ARM 茁壮成长,并成功渗透到了微控制器领域。

虽然 ARM 公司宣称其基本统一了全球的智能手机领域,但实际是苹果、高通等手机芯片厂家仅购买其指令集,但并不采用 ARM 公司的微架构,所以不同手机处理器厂家有不同的处理速度、扩展硬件和扩展指令。

手机行业的客户非常强大又强势,且客户的研发实力更强,也不想受制于人,都开始着手做自己的微架构(国内的手机公司也准备抛弃 ARM 公司的微架构),ARM 公司有边缘化的可能性,至少在手机领域里并不轻松。

1.4　ST 公司微控制器

意法半导体(ST),由意大利和法国的两家半导体公司合并而成。

2007 年 ST 公司发布第一款 F1 系列,大获成功。在此以前的微处理器市场,低端应用只有 8 位微控制器,ST 依靠极其低价的 F1 系列,填补了 32 位微控制器的中低端应用。

ST 公司 32 位 ARM 内核的微处理器以 STM32 为前缀。

其微处理器主要分成三大系列:

(1) 低功耗系列

● 32~120 MHz;

● 基于 M0+、M33、M4 内核;

● 包括 STM32Lx 系列。

(2) 主流系列

● 48~170 MHz;

● 基于 M0、M0+、M3、M4 内核;

● 依照性能由低到高,包括 F0、G0、F1、F3、G4 系列。

(3) 高性能系列

● 120~480 MHz;

● 基于 M3、M4、M7 内核;

● 依照性能由低到高,包括 F2、F4、F7、H7 子系列。

ST 公司还有一些特殊的微控制器,例如应用于无线通信的微控制器、采用自有内核的 8 位微控制器等,这些不是本书关注的。

微控制器的选型,如果没有特殊要求,选择主流系列即可,也是性价比最高的系列。

主流系列里:F0 是低端、F1 是中端、F3 是高端。G0 是 F0 的升级,G4 是 F3 的升级。

F1 和 F3 系列

由于 F1 系列大获成功系列,即使今日,F103 也应用众多,是很多人学习 ARM 的入门芯片。

以容易入门的 STM32F103 xx 为例,扼要讲解其特点:

- 采用 Cortex - M3 内核。
- 最大时钟频率 72 MHz(采用外置晶振),或最大时钟频率 64 MHz(采用内部晶振)。
- 有 PWM 控制模块(含电机控制)。
- FALSH:16 KB~1 MB。
- RAM:6 KB~96 KB。
- 合计 29 款型号:36~144 引脚,多种外设可选。
- 单电源供电:2.0~3.6 V。

仅仅 F1 系列的 F103 一款,就推出 29 款型号,外设配置选项非常丰富,ST 公司的微控制器目标市场真是全面渗透各行各业。

STM32F3 系列基本与 STM32F1 系列相同,但是采用 Cortex - M4 浮点内核。图 1.6 为 Cortex - M4 内核功能块块。

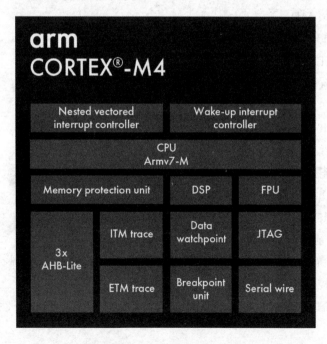

图 1.6 Cortex - M4 内核功能块

STM32F1 和 STM32F3 系列，以低廉的价格，成功占领了 32 位微控制器的低端和中端市场，而这恰恰是高端 DSP C2000 的空白。

1.5　ARM 特色

高性能微控制器的特色，我们在 1.2 节高性能微处理的硬件特色（以 DSP 为例）中已经论述，这里只讨论 ARM 本身特色。讨论 ARM 特色，必须提到精简指令集架构。

微控制器的指令集有两类：传统的复杂指令集架构（CISC），和比较新的精简指令集架构（RISC）。

市面上介绍 RISC 的书籍多是这么介绍的：

传统的处理器都是复杂指令集架构（CISC），在 20 世纪 70 年代，计算机科学家们发现，在这众多的指令中，只有大约 20％的指令是常用的，而剩下的 80％的指令是很少用到的冷门指令。然而两者占据的资源却不合理，冷门指令占据了太多的资源，导致计算机资源分配不合理，严重影响处理器的性能。于是科学家们提出来精简指令集架构（RISC），这种指令集的优势在于将计算机中最常用的 20％指令集集中优化，而剩下的不常用的 80％则采用拆分为常用指令集等方式运行，基于 RISC 的处理器大大简化了处理器硬件电路的复杂性，同时提高了代码的执行速度。

RISC 有着如下优势：

➢ 指令少；

➢ 指令字长一致；

➢ LOAD-STORE 架构。

以上论述是有些问题的，接下来我们在介绍 RISC 特性后，会进行深入分析。

因为 RISC 概念相对来说比较新和时髦，有的书籍想当然的把 DSP 归为时髦的 RISC 架构。实际上 DSP 属于 CISC 架构，ARM 是 RISC 架构。

1. LOAD-STORE 架构

LOAD-STORE 指令用于寄存器和存储器 RAM 的数据传送。LOAD 用于把存储器中的数据装载到寄存器中，STORE 用于把寄存器中的数据存入存储器。

ARM 的 LOAD-STORE 指令为：LDR、STR、LDM 和 STM 等。

以为 LDR 指令为例。

```
LDR Rd, [Rn]          //该指令把 RAM 中地址为 Rn 的数据，装入寄存器 Rd 中。
```

ARM 的其他指令只能操作寄存器。

以加法 ADD 运算为例。

当数据存放在存储器中时,ARM 必须先把数据从存储器 LOAD(装载)到寄存器,寄存器之间执行加法运算并把结果存入寄存器,最后把寄存器中的结果 STORE(存储)到存储器中。

而传统的微处理指令(复杂指令集架构),无须把数据 LOAD(装载)到寄存器,存储器的数据可直接进入加法 ADD 运算,但要跟累加器 ACC 相加。

下面以更接近 ARM 形式的伪汇编指令举例,说明一个简单加法运算:

地址[0001]的数据,和地址[0002]的数据相加,结果存到地址[0003]里。

ARM 形式的伪汇编指令如下:

```
LOAD R1 [0001]          //地址[0001]的数据,加载到 R1 寄存器
LOAD R2 [0002]          //地址[0002]的数据,加载到 R2 寄存器
ADD R3 R1 R2            //R1 + R2,结果存到 R3 寄存器
STORE R3 [0003]         //R3 寄存器的数据存到地址[0003]
```

传统微处理器(含 DSP)形式的伪汇编指令如下:

```
LOAD ACC [0001]         ;地址[0001]的数据,加载到累加器 ACC
                        ;更常规表示法 LACC [0001]
ADD ACC [0002] ACC      ;ACC + [0002],结果存到 ACC
                        ;更常规表示法 ADD    [0002]
STOR ACC   [0003]       ;ACC 的数据存到地址[0003]
                        ;更常规表示法 SACC [0003]
```

一般而言,寄存器的运行速度比存储器的速度快。

ARM 没有传统微控制器的累加器 ACC(ACC 也可以认为是一个寄存器),增加一堆内部寄存器。

传统微控制器的运算速度的瓶颈,卡在只有一个 ACC 上,运算结果需要都存回存储器 RAM 里,ACC 才能放入新数据。

ARM 有多个寄存器,运算结果不需要都存回存储器 RAM 里,如果对寄存器进行后续运算,速度更快。ARM 运算速度的瓶颈,卡在必须要有 LOAD 和 STORE 这两个单独步骤。

2. RISC 的真正优势

所有的 CISC 指令集处理器,不是一开始指令就很多的,都是逐渐升级。也就是说,随着用户需求的增加,指令集必然会增加,RISC 指令集处理器也不能例外。

设计一个处理器系统,无论 RISC 还是 CISC 都并不难。一个在市场上获得成功的处理器,要向更高性能升级,常用的主要途径是:

● 采用更先进的 nm 制造工艺水平。

● 降低内核电压,从而降低功耗获得更快的工作频率。

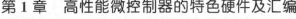

- 增加多级流水线。
- 多核,但也带来代码复杂性的急剧上升。
- 增加更宽的位数,从而一次性处理多个数据,即单指令多数据流(SIMD)。
- 添加新的独立硬件单元并添加新指令。与此同时,仍要保持系统的向后兼容性,保存原先大多数的旧指令。

随着指令的增加,要保持系统仍是精简指令集,是一件困难的事情。有操作系统程序员感叹:这个世界到底有没有指令很少的精简指令集系统?虽然多数书籍时髦的人云亦云地说 RISC 架构的指令更少,实际上不断增长的 ARM 指令非常多,绝对不比 CISC 指令少。

ARM 公司设计 M3 内核时,突破性地采用了混合型 16/32 位子指令集 thumb-2,大获成功,直接突破了书本上 RISC 指令字长一致的教条。

RISC 突破了传统单片机只有一个 ACC 运算寄存器的运算瓶颈,可以对多个快速的内部寄存器进行运算,比如函数的形参在 RISC 中往往直接通过快速内部寄存器直接传递,这个要快于传统单片机的内存中压堆传递。当然多个内部寄存器也带来了调度困难,一旦启用优化调试变量不直观的等缺点。

在笔者看来,RISC 架构里的 LOAD-STORE 架构是比较好的特色,降低了 CPU 和外界数据的耦合程度(访问数据存储器和外设等),可以分别模块化设计,降低了开发设计难度,加大了配置灵活度。

也只有方便的模块化设计,才能各司其职,ARM 公司全力优化 CPU 内部和卖设计方案,硬件厂商方便地集成各类存储器和外设,从而双赢。

一条 CISC 的复杂指令功能,常常需要若干条 RISC 指令才能完成,同样时钟频率下要 CISC 快一些。

RISC 和 CISC 架构还是各有所长,但这样的泛泛而言很容易让读者一头雾水,具体来说:

如果是购买微内核进行模块化设计,或产品线系列众多且欲采用同一平台(保证兼容性),RISC 有优势;

如果是对某些性能指标要求极为苛刻、数据无法通过多个寄存器实现调度优化或产品线较为单一专用,采用 CISC 也无不妨。

3. ARM 的其他特色

除 M7 采用 6 级流水线外,M 系列微控制器都采用 2 - 3 级流水线,其中 M3 和 M4 采用 3 级流水线。

M3 和 M4 有 13 个通用寄存器 R0~R12。

除了早期的型号外(ARM6 及以前采用普林斯顿结构),ARM 现在采用的是哈

17

佛结构。

从 M4 系列开始,增加了 DSP 指令集,包括乘加指令 MLA,这原本是 DSP 的特色指令。

如图 1.7 所示,M 系列采用"总线矩阵"来管理总线,包括指令总线、数据总线和系统总线、DMA 总线和外设总线等,非常方便增添和管理大量外设。

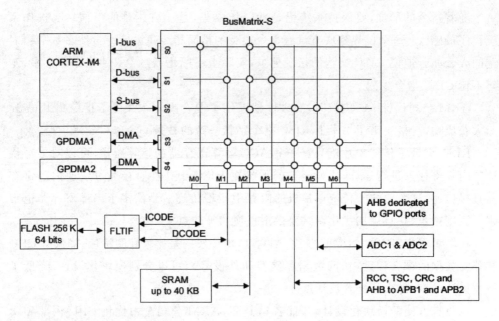

图 1.7　一款 ARM 微处理的总线矩阵

ARM 的所有指令数量汇总起来也是极其复杂,可不算"精简"。

ARM 公司允许客户自定义指令,目前不清楚针对什么系列。毫无疑问,这将会更加扩展到更多的微控制器应用领域。这将使得硬件厂家可以发布差异化的微控制器,也会带来兼容性的少许问题。

1.6　微控制器的市场竞争

大半导体公司的市场推广手段包括:免费讲座、大学计划、有奖竞赛等,TI 和 ST 公司也不例外。其中 TI 大学计划推广的比较早。TI 公司在全球范围内开展的大学计划,通过在高校建立联合实验室和举办高校 DSP 大赛等形式,加强对教育的投入,培养了许多未来 DSP 工程师(也是 TI 公司的未来客户)。笔者最早开始接触 DSP 即源于此。

ARM 和 DSP 在很多应用领域都有重合,即面向工业、消费、通信等中高端领域。

1．DSP 市场

在工业产品领域,由于 DSP 价格占比小(客户替换难度大),且 TI 已经取得强势地位,所以还比较稳定。TI 不断推出业界最快的 DSP,来巩固高端微控制器的市场。

在消费和通信领域,市场竞争激烈,对微控制器的性价比要求非常高,即使老牌公司也有竞争失利时,伴随诺基亚的衰退——这曾是 TI 的最大客户,TI 退出移动手机市场。

TI 公司网站有时把 DSP C2000 称为数字信号控制器(DSC)。但每一个使用 DSP 的厂商用户宣传自己产品时,都说自己采用了先进的 DSP,而不是 DSC,因为一般用户认为 DSP 显得更高端。显然 TI 公司的新命名不利于市场推广。

产品创新应该基于客户需要,而不是基于 TI 公司认为应该是什么,从而硬造一个名词 DSC。

2．ARM 市场

在 ARM 出现之前,低端市场的格局是 8 位单片机为主,厂家众多(51、AVR、PIC 等),DSP 基本定位在高性能领域的 16 位和 32 位市场。

ARM 出现之后,采用了划时代的卖 IP 内核商业模式,改变了微控制器市场格局。

IP 内核能重复卖给多个厂家,每个厂家只要投入很少成本就能获得微控制内核,这大大降低了自己开发的成本(虽然购买合同是保密的,业界一般估计约 7.5－20 万美金就能获得 ARM 的开发方案,量产后每个芯片收取约 1% 的版税)。

ARM 的微内核有一定的先进性,但并没有比其他硬件厂商先进太多,20 世纪70 年代后计算机体系架构领域已经没什么大的突破了。如果技术进步不大,市场策略才是决胜的关键,有时笔者在想,即使 ARM 仍采用 CISC 技术,但率先采用卖 IP内核的商业模式,其仍会胜出。毕竟早已获得成功的 PIC 和 AVR 微处理器,它们也是采用 RISC 架构,但目前被 ARM 公司打的节节败退。

硬件厂家一旦购买了 ARM 内核,既要摊薄购买成本,又面临同质化竞争,其一定会采用低价策略进行市场推广,尽快多多出货。低价策略迅速拉低了 32 位 ARM处理器的价格,用户也直接受益,扩大了芯片的应用领域,反过来这又巩固了 ARM的市场地位。

如果你是 ARM 公司 CEO,你会更进一步采取什么策略扩大份额呢?

也许 ARM 公司可以再推出一款 8 位微控制器内核,仍旧采用原先的卖 IP 内核商业模式,更多的统一低端微控制器的江湖。曾经主打 32 位的 ARM,近年来也在A 系列中推出了 64 位处理器。当然即使 ARM 不这样做,相信也会有别的公司尝试进入,希望是中国的公司。

3. ARM 早期的推广很艰难

ARM 公司实行平台化策略,采取开放授权策略,好处是大大降低了微控制器硬件厂商的开发费用,且用户代码的移植性大大提高。

坏处是硬件厂商都明白,一旦采取 ARM 平台,产品立刻同质化,核心技术降低,用户迁移门槛也更低,产品无法保持高利润。

所以 ARM 公司在早期推广阶段,走得十分艰难。

因为硬件厂商采用 ARM 架构就会没有自己的核心技术,没有人敢丢掉已有的大蛋糕利益,所以没人跟 ARM 公司合作。跟单一的手机领域不同,嵌入式微控制器领域属于一个涉及各领域应用的市场,ARM 公司不可能懂各个应用领域,所以在早期推广阶段,ARM 推广的非常艰难,公司甚至为此短暂地收购了一个小硬件公司。

4. ST 公司跟早期的 ARM 合作,取得成功

有时,过去的成功会阻碍未来的成功,因为要不断平衡新产品和原有产品的利益分配,如同发明数码相机的柯达,在平衡老胶片相机和新数码相机的市场定位中,申请破产。

传统的微处理器大厂,在平衡自家原有产品和 ARM 新产品中犹豫,既考虑 ARM 产品的市场定位,又考虑原有微控制器的市场划分,摇摇摆摆中,都没有全力抓好这个机会。

ST 公司在微控制器领域原本可以忽略不计,其抓住机会(冒的风险其实不大,因为没有什么可失去的利益),第一家跟 ARM 公司合作,全力以赴主打 ARM 微控制市场,开城掠地,以几乎每年上升一位排名的速度,目前占据了 ARM 微处理器一半的市场份额。

同质化的市场很难存在多个赢家,目前 ST 公司处于遥遥领先的地位。

5. 展望未来

未来预计,TI 的 DSP 会聚焦于高性能市场和特定领域,ARM 成为 32 位和 16 位通用市场的霸主,并渗透部分 8 位市场,ST 公司的 ARM 产品线会继续扩大优势。

简单汇总一句话就是:DSP 追求性能,ARM 追求通用性。

ARM 希望采用其指令集和架构的微控制器越多越好,不会考虑小众的特殊需求,以此来追求最大的通用市场。而 DSP 越来越集中于高性能。两者市场定位有很大不同。

因此,ARM 的集成开发环境也更容易上手,省去了很多麻烦的配置。DSP 的编程开放了更多底层配置和专业算法,从而把性能发挥到极致。

　　微控制器市场,总有新进入者,比如免费 RISC－V 精简指令集也想分一杯羹,目前估计其能成功地进入专用领域市场,能否成为通用微处理器领域的主流,还有待观察。笔者谨慎地认为非常难,因为除了免费优点外,这是一个松散的联合组织要和商业化公司 ARM 做同质化竞争。

　　DSP、ARM 和其他微控制器竞争都非常激烈,厂商常推出新款,停掉老款,每一款具体的芯片都容易过时。在写清楚高端微控制器、DSP 和 ARM 有哪些具体特点和优劣势的基础上,笔者适度分析其成功因素及一点偶然性,引导读者(学生和从业者)独立思考,不盲从厂商动辄宣传自己产品无与伦比的性价比。本书从第 2 章开始把主要内容放在如何高质量的编程上。

1.7　习　题

　　(1) 登录 TI、ARM 和 ST 网站,了解它们还有哪些系列微控制器?

　　(2) 哈佛结构的优点和缺点是什么?

　　(3) 流水线级数是不是越多越好,会带来什么问题?

　　(4) RISC 指令集和 CISC 指令集各有哪些优劣势?

　　(5) 拓宽下知识面,网上查找下 RISC－V 资料,做出自己的判断思考,是否看好其前途?

　　(6) 拓展下发散思维,TI、ARM 和 ST 公司的产品,有哪些问题和可以改进的策略?

第2章

从一个简单的工程实例入手

没有 BUG 的完美程序是不存在的,除了"hello world"。

建立一个完整的 C 语言工程,至少由四个文件构成:

1. 启动文件

启动文件本质是一个汇编文件(.asm 或.s),其内容本质是汇编语言跳转语句,即芯片上电复位后,执行启动文件的跳转语句,跳转到 C 语言系统库的入口地址。

DSP 的启动文件是 DSP2833xx_CodeStartBranch.asm,C 语言系统库的入口地址是_c_int0,其执行完后自动进入用户的 main()函数。

ARM 的启动文件是 startup_stm32fxxxxx.s,C 语言系统库的入口地址是__main,其执行完后自动进入用户的 main()函数。

启动文件有时也可以封装成包含汇编的头文件形式(.h),这种形式比较少见。

2. C 语言系统库

C 语言系统库由集成开发环境厂商提供,支持 C 语言运行:初始化 C 语言环境、初始化全局变量、C 语言的函数库等。

C 语言系统库有时显示在工程目录树里,有时隐藏在集成开发环境里。

DSP 采用库文件(.lib)形式,需要用户手动添加到工程目录树里。

ARM 采用软件系统包(*.pack)形式,用户需要下载后导入集成开发环境,也可在线自动升级或选择固定的某个版本。新建 ARM 工程时选择芯片,集成开发环境会自动选中对应的芯片软件系统包(software PACK)。

3. 含 main()函数的 C 语言源文件

有且只能有一个含有 main()函数名的 C 语言源文件(.c),文件名可随意。C 语言系统库完成初始化后,程序跳转到 main()函数继续执行。

4. 二进制文件的配置文件

跟上述三个可最终编译成二进制文件不同,配置文件主要作用是把上述三个文件的程序和数据,按照用户指定或系统默认,分配到微处理器存储空间的具体地址。

其中,启动文件分配的地址尤其特殊,必须分配在芯片上电复位的地址。

配置文件有时显示在工程目录树里,有时隐藏在集成开发环境里。

DSP 配置文件后缀是.cmd,需要用户手动添加到工程目录树里,CCS 编译器由用户指定分配地址。

ARM 配置文件后缀是.sct,由 Keil 编译器自动生成,分配默认地址,当然也可以用户手动自定义分配地址。

微控制器上电复位后,程序执行的常规流程为:上述的文件 1→文件 2→文件 3。

自己编写的文件 1B

如果有特殊需求,比如想在 main() 函数执行前执行一些特殊的初始化等,可以先在文件 1 里跳转到自己编写的文件(或汇编指令),再跳转回文件 2,此时程序执行的流程变为:上述的文件 1 → 自己编写的文件 1B → 文件 2 → 文件 3。

STM32CubeMX 生成的 ARM 工程文件,上电后先跳转到 system_stm32fxxx.c 文件里的 systemInit() 函数,初始化 FPU 和 PLL 等,然后再跳转到 C 语言系统库的入口地址。

我们举例一个用户可能用到的特殊需求:硬件看门狗默认是上电开启状态,如果程序里有非常大的需要初始化的全局数组变量,比如字库,系统库会在初始化没完成时,硬件看门狗就已经复位了,此时正常的 C 语言工程会永远进不去 main() 函数,必须自己编写一个关闭硬件看门狗的文件。DSP 公司的例程代码即采用这种处理方式,上电后先跳转去关闭开门狗,然后再跳转回 C 语言系统库的入口地址。

一些补充

微处理器大都会处理中断,由用户自定义中断函数。中断函数地址需要分配在芯片空间的特定地址。DSP 和 ARM 采用的方法是,把中断函数地址汇集在一起生成自定义段,在配置文件中把该自定义段定位在特定的中断地址。

C 语言源文件(.c)需要手动添加到 C 语言工程,但 C 语言头文件(.h)不需要手动添加到 C 语言工程。编译器会根据客户设定或默认的路径,自动把头文件扫描进工程。

工程中各类型文件的后缀参考表 2.1,详细讲解参考后续章节。

表 2.1　各类型文件后缀一览

后　缀	TI 的 DSP 编译器	ARM 的 Keil 编译器
汇编文件	.asm	.s
C 语言源文件	.c	.c

续表 2.1

后缀	TI 的 DSP 编译器	ARM 的 Keil 编译器
C 语言头文件	. h	. h
二进制目标文件	. obj	. o
最终二进制可执行文件	. out	* . axf
配置文件	. cmd	. sct

本小节的教学目的：清晰地说明简单工程的底层构成。

我们将以简单的实例引导读者快速程序入门。

TI 公司的集成开发环境(CCS)需要手动添加上述文件,好处是更灵活,坏处是需要花费很多时间学习这些基础性东西。

ST 公司通过图形化配置工具(STM32CubeMX),自动生成上述文件,用户只需要聚焦编程即可,用户上手快。

2.1　逐步建立一个 DSP 工程文件

本节介绍建立一个 DSP 的 C 语言工程文件。

1. 启动文件

TI 提供的启动文件是 DSP2833xx_CodeStartBranch. asm,其汇编代码参考本章附录。

2. C 语言系统库

TI 公司为 C28x 提供了好几个实时运行库：

```
rts2800.lib                //C语言实时运行库
rts2800_ml.lib             //寻址大空间的库
rts2800_eh.lib             //带 C++异常处理的库
rts2800_ml_eh.lib          //寻址大空间和带 C++异常处理的库
rts2800_fpu32.lib          //带浮点硬件的库
rts2800_fpu32_eh.lib       //带浮点硬件和 C++异常处理的库
```

说明：C28x 以前的 DSP 只能寻址 16 位的 64 KB 空间,现在增加到 22 位地址的大空间。

其中适用 TMS320F28335 的系统库 rts2800_fpu32. lib,入口地址是_c_int0。系统库初始化执行完后,跳转到 main()函数。

3. main()函数文件

文件：hello. c

```
#include<stdio.h>
void main(void)
{
    printf("hello, DSP world\n");
    for(;;);
}
```

这里有一点与标准 C 语言的教科书不一样：在"printf("hello，DSP world \n");"语句后，需要加设死循环语句"for(;;);"。

标准 C 运行在操作系统下，退出 main()函数后，控制权会交给操作系统。而这里并没有操作系统，退出 main()函数即意味着程序跑飞了(实际 C 编译器令程序"跑飞"到一个标号 abort 的死循环跳转)！

最后，非常幸运的是，CCS 提供了 printf()函数。在一些老的单片机中，要想通过 printf()显示字符是不可能的事情。原因是嵌入式应用中，字符显示设备并不是必备的标准配置，这和计算机 C 语言运行环境极不相同。

读者如果对常见的 printf()函数稍加注意，就会发现此函数非常奇怪：这是一个允许输入参数数目可变的函数，而在 C 语言的常规函数定义里，函数的输入参数都必须是固定数目。这里不讨论 printf()函数的定义形式(一种特殊定义，形参中包含有"..."),用户可查相关教材。读者可以想见 printf()函数需要占用很大的存储空间，实际约占用 9 KB 程序存储空间。

4. 配置文件

TI 提供的烧写程序到 FLASH 的配置文件：F28335.cmd，其伪汇编配置语句参考本章附录。

配置文件的简要说明：关键字 MEMORY 用来定义存储空间，SECTIONS 用来分配代码(以段的形式)到存储空间。用户暂时看不懂没关系，只要知道这是定义、分配存储空间就行了，等到看完后面的章节，自然就会明白。此文件一经确定，很少修改。

以下逐步演示如何建立一个工程文件，来完成一个经典 C 语言例子"hello world"。

TI 的代码集成开发环境叫 CCS，考虑到 CCS 3.3 用户比较庞大，而 CCS 6.1 是最新的，两者差异比较大，所以分别介绍。

集成开发环境 CCS 3.3

安装完 CCS3.3 后，打开软件 CCS Setup 来选择不同的仿真器驱动，如图 2.1 所示。

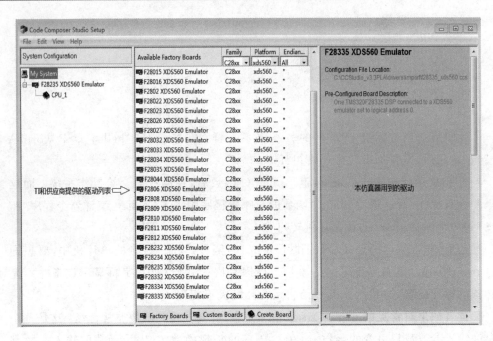

图 2.1　CC 3.3 Setup

　　不同厂家的仿真器会有不同的驱动,有的需外接 5 V 电源,有的要在 BIOS 中开启某并口模式和端口号等,读者应联系自己的仿真器厂家来完成具体设置。

　　打开 CCS,屏幕显示如图 2.2,选择 Project→New 菜单项,则弹出右下方的对话

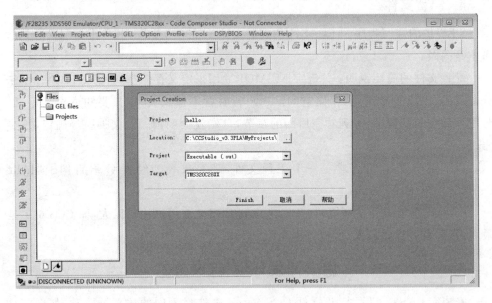

图 2.2　新建工程

框,输入 hello 单击保存,新建完成一个工程 hello. pjt。初学者最好把工程保存在默认目录 myprojects(位于 CCS 安装目录下)。

　　单击图 2.3 中鼠标所指的按钮(或选择 File→New→Source File),会建立一个标题为 Untitled1 的文本编辑窗口,用户可在这里编写. cmd、. asm、. c 等各种类型的文本文件,编写完成后,选择 File→Save 将其保存,初学者最好保存到工程 hello. pjt 所在目录下。

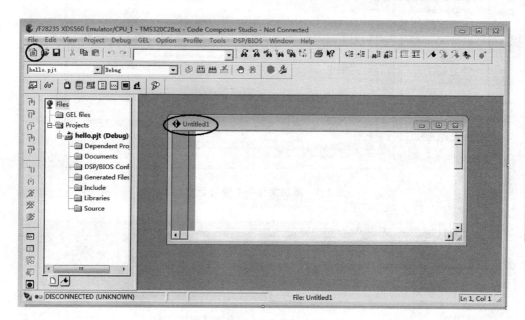

图 2.3　文本编辑窗口

　　用户需要建立或添加 4 个文件: DSP2833xx_CodeStartBranch. asm、rts2800_fpu32. lib、hello. c 和 F28335. cmd。

　　在图 2.3 中,选择 Project→Add Files To Project,会弹出图 2.4 所示对话框,选取不同的文件类型,往工程里添加文件。

　　至此,一个完整的工程建立起来了,"麻雀虽小,五脏俱全",工程概貌如图 2.5 所示。

　　选择 Project→Build Options,选择标签页 Linker,Output Filename[-o]选项中设置生成的二进制文件名字 hello. out,然后单击确定,如图 2.6 所示。

　　选择 Project→Build,会在工程 hello. pjt 所在目录下生成可执行二进制文件 hello. out。

　　选择 File→Load Program 或 Ctrl+L,将 hello. out 文件下载到 TMS28335 中。

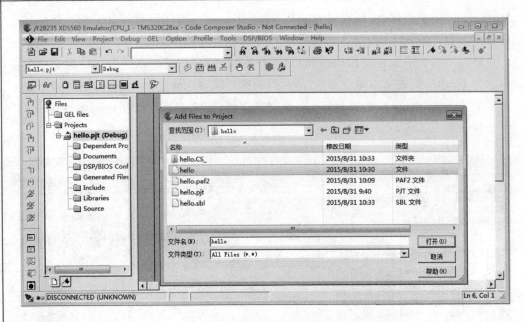

图 2.4　添加文件到工程对话框

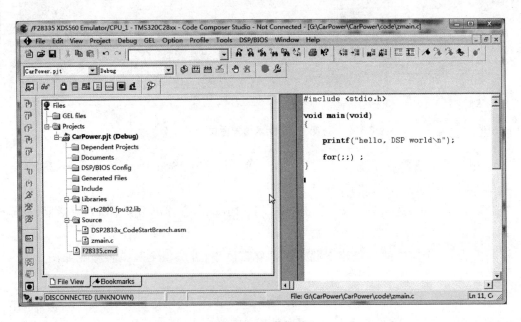

图 2.5　工程概貌

选择 Debug→Run 或 F5，程序在 DSP 中运行。窗口 Stdout 中显示出"hello,DSP world"，如图 2.7 所示。

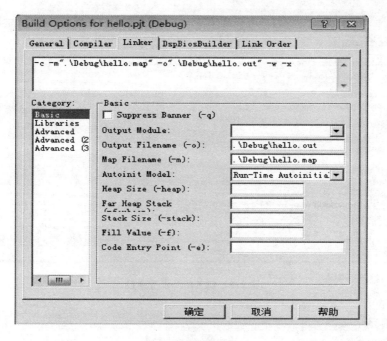

图 2.6　编译选项

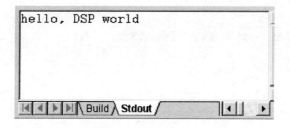

图 2.7　Stdout 窗口

集成开发环境 CCS 6.1

安装完 CCS 6.1 后,打开 CCS 6.1,设置好路径如图 2.8 所示。

选择 Project→New CCS Project,设置 Project 选项如下,选择芯片和仿真器类型,设置工程名以及存放位置,如图 2.9 所示。

建立工程后,添加上述几个文件到工程,建立一个完整的工程,工程概貌如图 2.10 所示。

选择 Project→Build All,会在工程 hello.pjt 所在目录下生成可执行二进制文件 hello.out。

ARM与DSP硬件特色和编程指南

30

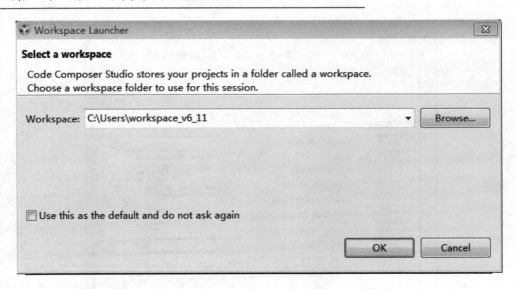

图 2.8   CCS 6.1 设置路径

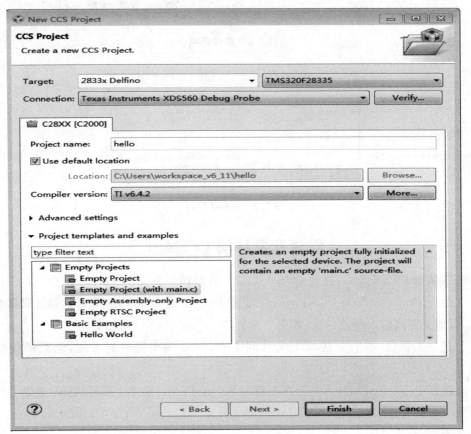

图 2.9   CCS Project

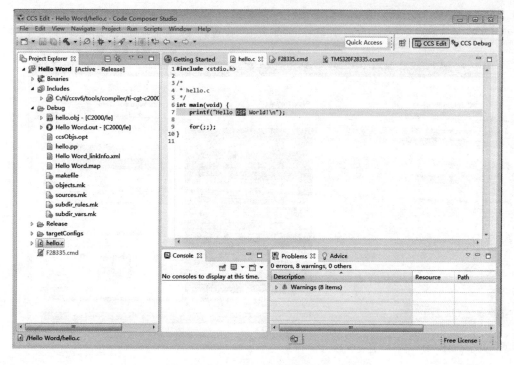

图 2.10　工程概貌

选择 Run→Debug 或 F11,程序在 DSP 中运行。窗口 Stdout 中显示出"hello,DSP world"。

以上讲述了最小工程的建立,有助于理解微处理器 C 语言代码的核心本质。真实的工程设立,推荐采用 TI 例程中提供的各类文件。

2.2　使用 STM32CubeMX 建立一个 ARM 工程文件

STM32CubeMX 是 ST 公司专用于 ARM 的代码生成工具,使用该软件需要先安装 java。

对于 ARM,不再推荐手工建立工程文件,推荐使用 STM32CubeMX 来自动生成工程文件,简洁方便。

1. 启动 ST 的 STM32CubeMX 工具

启动 STM32CubeMX 工具界面如图 2.11 所示。

2. 选择器件

选择 New Project 下的 ACCESS TO MCU SELECTOR,选择自己的 ARM 芯片,如图 2.12 所示。

图 2.11　启动 STM32CubeMX 工具

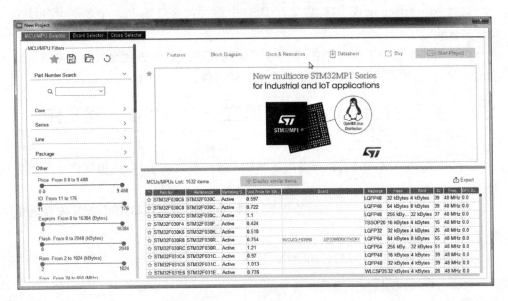

图 2.12　选择器件

3. 配置界面

选择好芯片后,单击右上角的 Start Project,进入工程配置界面,如图 2.13 所示。

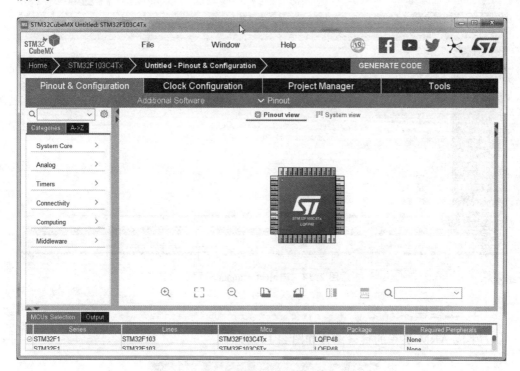

图 2.13　配置界面

工程配置界面有四个页面:Pinout & Configuraton,Clock Configuraton,Project manager 和 Tools。

(1) Pinout & Configuraton 页面,用来配置引脚及外设功能。单击任一引脚可以看到该引脚的几种功能,可选择使用。

(2) Clock Configuraton 页面,用来配置时钟。STM32 的主时钟可以使用外置晶振,也可以使用内置晶振,如果配置的时钟超限会有红色警告。本工程时钟配置为内部时钟。

(3) Project manager 页面,是用来管理项目。

(4) Tools 页面,是电源相关配置,用户一般不用管。

4. 生成工程代码

Project manager 页面中输入工程名和目录,选择自己的集成开发环境。这里选择是 Keil 公司的 MDK-ARM。

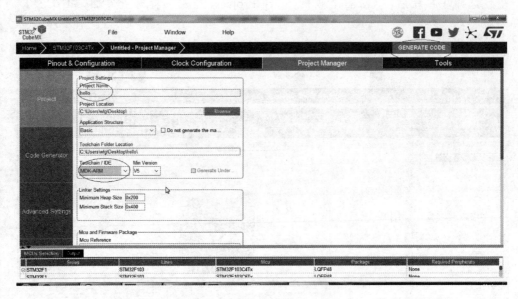

单击右上角的 GENERATE CODE,生成工程代码,自动调用 Keil 打开工程,如图 2.14 所示。

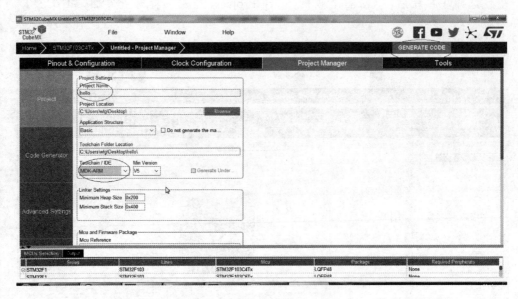

图 2.14　Project manager 页面

5. 工程目录介绍

生成 ARM 工程的目录结构如图 2.15 所示。

图 2.15　Keil 下工程的目录结构

hello 是用户的工程名。

Application/MDK-ARM 目录,包括程序启动的汇编代码。

Application/User 目录,包括应用层代码,包括 main.c 和和外设相应的.c 文件,用户可以在这些文件里添加自己的代码。stm32f1xx_it.c 是中断文件。

Drivers/CMSIS 目录,包括内核库文件 system_stm32f1xx.c。

Drivers/STM32F1xx_HAL_Driver 目录,包括 HAL 库和 LL 库的外设驱动文件。

用户还可以新建文件夹来存放自己的代码文件。

6. 添加源代码

在工程的文件有 main.c 文件,打开 main.c 文件,可以看到有几处注释:

```
/* USER CODE BEGIN */
/* USER CODE END */
```

可以在中间写用户代码,这样再次用 STM32CubeMX 升级工程代码时不会覆盖用户代码。

文件 main.c:

```
#include "stdio.h"
int main(void)
{
    HAL_Init();
    SystemClock_Config();

    /* USER CODE BEGIN 2 */
    printf("hello,ARM world\n");
    /* USER CODE END 2 */

    while (1)
    {
    }
}
```

7. 编译和下载调试程序

选择 build(F7)按钮,编译工程。

选择 start/stop debug 按钮,下载调试工程,如图 2.16 所示。

说明:

采用 STM32CubeMX 就能轻松建立一个 ARM 工程,非常容易上手。

Project manager 页面左下方的高级设置里,可以选择 HAL 库或者 LL 库。

TM32CubeMX 支持很多集成开发环境,不建议采用 ST 公司自己的集成开发环

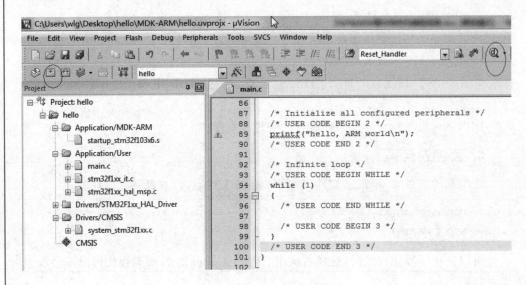

图 2.16　编译和下载调试按钮

境,建议采用第三方集成开发环境,目前最流行的是 Keil 公司的集成开发环境
μVision(也叫 MDK)。

　　建议用户把自己的代码放在新建目录下,这样既充分利用了代码自动生成工具,又便于管理自己代码。

　　STM32CubeMX 和集成开发环境(CCS 和 MDK),界面经常升级和变化,通过本章的学习,清楚明白工程文件本质有哪些核心组成文件即可。

2.3　习　题

　　(1) 在微处理器中构建一个完整的工程项目,需要添加哪几类文件,后缀名分别是什么?

　　(2) 尝试建立一个 C 语言工程。

　　(3) 拓展下知识面:你看到过 map 文件,列表文件么?

本章附录

　　TI 提供的启动文件:DSP2833xx_CodeStartBranch.asm。

```
;//FILE:   DSP2833x_CodeStartBranch.asm
;//
;//TITLE:Branch for redirecting code execution after boot.
```

```
;//
;//For these examples, code_start is the first code that is executed after
;//exiting the boot ROM code.
;//
;//The codestart section in the linker cmd file is used to physically place
;//this code at the correct memory location.   This section should be placed
;//at the location the BOOT ROM will re-direct the code to.   For example,
;//for boot to FLASH this code will be located at 0x3f7ff6.
;//
;//In addition, the example DSP2833x projects are setup such that the codegen
;//entry point is also set to the code_start label.   This is done by linker
;//option -e in the project build options.   When the debugger loads the code,
;//it will automatically set the PC to the "entry point" address indicated by
;//the -e linker option.   In this case the debugger is simply assigning the PC,
;//it is not the same as a full reset of the device.
;//
;//The compiler may warn that the entry point for the project is other then
;//   _c_init00.   _c_init00 is the C environment setup and is run before
;//main() is entered. The code_start code will re-direct the execution
;//to _c_init00 and thus there is no worry and this warning can be ignored.
;//
;//######################### ##################
;// $ TI Release:DSP2833x Header Files V1.10 $
;// $ Release Date:February 15, 2008 $
;//######### ###############################################
*****************************************************************
WD_DISABLE.   set1;       set to 1 to disable WD, else set to 0
    .ref _c_int00
    .global code_start
*****************************************************************
* Function:codestart section
*
* Description:Branch to code starting point
*****************************************************************
    .sect "codestart"
code_start:
    .if WD_DISABLE == 1
        LB wd_disable      ;Branch to watchdog disable code
    .else
        LB _c_int00        ;Branch to start of boot.asm in RTS library
    .endif
;end codestart section
```

```
***********************************************************
* Function:wd_disable
*
* Description:Disables the watchdog timer
***********************************************************
    .if WD_DISABLE = = 1
    .sect "flashstart"
wd_disable:
    SETC OBJMODE              ;Set OBJMODE for 28x object code
    EALLOW                    ;Enable EALLOW protected register access
    MOVZ DP, #7029h>>6        ;Set data page for WDCR register
    MOV @7029h, #0068h        ;Set WDDIS bit in WDCR to disable WD
    EDIS                      ;Disable EALLOW protected register access
    LB _c_int00               ;Branch to start of boot.asm in RTS library
    .endif
;end wd_disable
    .end
```

TI 提供的烧写程序到 FLASH 的配置文件：F28335.cmd。

```
/* 应用于 C28x 的 CMD 文件：F28335.cmd */
MEMORY
{
PAGE 0：    /* Program Memory */
   /* Memory (RAM/FLASH/OTP) blocks can be moved to PAGE1 for data allocation */
   ZONE0        :origin = 0x004000, length = 0x001000   /* XINTF zone 0 */
   RAML0        :origin = 0x008000, length = 0x001000   /* on-chip RAM block L0 */
   RAML1        :origin = 0x009000, length = 0x001000   /* on-chip RAM block L1 */
   RAML2        :origin = 0x00A000, length = 0x001000   /* on-chip RAM block L2 */
   RAML3        :origin = 0x00B000, length = 0x001000   /* on-chip RAM block L3 */
   ZONE6A       :origin = 0x100000, length = 0x00FC00
                /* XINTF zone 6 - program space */
   ZONE7        :origin = 0x200000, length = 0x100000   /* XINTF zone 7   */
   FLASHH       :origin = 0x300000, length = 0x008000   /* on-chip FLASH */
   FLASHG       :origin = 0x308000, length = 0x008000   /* on-chip FLASH */
   FLASHF       :origin = 0x310000, length = 0x008000   /* on-chip FLASH */
   FLASHE       :origin = 0x318000, length = 0x008000   /* on-chip FLASH */
   FLASHD       :origin = 0x320000, length = 0x008000   /* on-chip FLASH */
   FLASHC       :origin = 0x328000, length = 0x008000   /* on-chip FLASH */
   FLASHA       :origin = 0x338000, length = 0x007F80   /* on-chip FLASH */
   CSM_RSVD     :origin = 0x33FF80, length = 0x000076
                /* Part of FLASHA. Program with all 0x0000 when CSM is in use. */
   BEGIN        :origin = 0x33FFF6, length = 0x000002
```

```
              /* Part of FLASHA.   Used for "boot to Flash" bootloader mode. */
   CSM_PWL    :origin = 0x33FFF8, length = 0x000008
              /* Part of FLASHA.   CSM password locations in FLASHA */
   OTP        :origin = 0x380400, length = 0x000400   /* on-chip OTP */
   ADC_CAL    :origin = 0x380080, length = 0x000009
              /* ADC_cal function in Reserved memory */
   IQTABLES   :origin = 0x3FE000, length = 0x000b50
              /* IQ Math Tables in Boot ROM */
   IQTABLES2  :origin = 0x3FEB50, length = 0x00008c
              /* IQ Math Tables in Boot ROM */
   FPUTABLES  :origin = 0x3FEBDC, length = 0x0006A0
              /* FPU Tables in Boot ROM */
   ROM        :origin = 0x3FF27C, length = 0x000D44   /* Boot ROM */
   RESET      :origin = 0x3FFFC0, length = 0x000002   /* part of boot ROM */
   VECTORS    :origin = 0x3FFFC2, length = 0x00003E   /* part of boot ROM */
PAGE 1 :       /* Data Memory */
/* Memory (RAM/FLASH/OTP) blocks can be moved to PAGE0 for program allocation */
              /* Registers remain on PAGE1    */
   BOOT_RSVD  :origin = 0x000000, length = 0x000050
              /* Part of M0, BOOT rom will use this for stack */
   RAMM0      :origin = 0x000050, length = 0x0003B0   /* on-chip RAM block M0 */
   RAMM1      :origin = 0x000400, length = 0x000400   /* on-chip RAM block M1 */
   RAML4      :origin = 0x00C000, length = 0x001000   /* on-chip RAM block L1 */
   RAML5      :origin = 0x00D000, length = 0x001000   /* on-chip RAM block L1 */
   RAML6      :origin = 0x00E000, length = 0x001000   /* on-chip RAM block L1 */
   RAML7      :origin = 0x00F000, length = 0x001000   /* on-chip RAM block L1 */
   ZONE6B     :origin = 0x10FC00, length = 0x000400   /* XINTF zone 6 - data space */
   FLASHB     :origin = 0x330000, length = 0x008000   /* on-chip FLASH */
}
/* Allocate sections to memory blocks.
   Note:codestart user defined section in DSP28_CodeStartBranch.asm used to redirect
code execution when booting to flash ramfuncs user defined section to store functions that
will be copied from Flash into RAM
   */
SECTIONS
{
   /* Allocate program areas: */
   .cinit              :>FLASHA       PAGE = 0
   .pinit              :>FLASHA,      PAGE = 0
   .text               :>FLASHA       PAGE = 0
   codestart           :>BEGIN        PAGE = 0
   ramfuncs            :LOAD = FLASHD,
```

ARM与DSP硬件特色和编程指南

```
                              RUN = RAML0,
                              LOAD_START(_RamfuncsLoadStart),
                              LOAD_END(_RamfuncsLoadEnd),
                              RUN_START(_RamfuncsRunStart),
                              PAGE = 0
   csmpasswds             :>CSM_PWL       PAGE = 0
   csm_rsvd               :>CSM_RSVD      PAGE = 0
   /* Allocate uninitalized data sections: */
   .stack                 :>RAMM1         PAGE = 1
   .ebss                  :>RAML4         PAGE = 1
   .esysmem               :>RAMM1         PAGE = 1
   /* Initalized sections go in Flash */
   /* For SDFlash to program these, they must be allocated to page 0 */
   .econst                :>FLASHA        PAGE = 0
   .switch                :>FLASHA        PAGE = 0
   /* Allocate IQ math areas: */
   IQmath                 :>FLASHC        PAGE = 0              /* Math Code */
   IQmathTables           :>IQTABLES,  PAGE = 0, TYPE = NOLOAD
   IQmathTables2          :>IQTABLES2, PAGE = 0, TYPE = NOLOAD
   FPUmathTables          :>FPUTABLES, PAGE = 0, TYPE = NOLOAD
   /* Allocate DMA - accessible RAM sections: */
   DMARAML4               :>RAML4,        PAGE = 1
   DMARAML5               :>RAML5,        PAGE = 1
   DMARAML6               :>RAML6,        PAGE = 1
   DMARAML7               :>RAML7,        PAGE = 1
   /* Allocate 0x400 of XINTF Zone 6 to storing data */
   ZONE6DATA              :>ZONE6B,       PAGE = 1
   /* .reset is a standard section used by the compiler.  It contains the */
   /* the address of the start of _c_int00 for C Code.  */
   /* When using the boot ROM this section and the CPU vector */
   /* table is not needed.  Thus the default type is set here to  */
   /* DSECT  */
   .reset                 :>RESET,        PAGE = 0, TYPE = DSECT
   vectors                :>VECTORS       PAGE = 0, TYPE = DSECT
   /* Allocate ADC_cal function (pre - programmed by factory into TI reserved memory) */
   .adc_cal    :load = ADC_CAL,   PAGE = 0, TYPE = NOLOAD
}
```

第 **3** 章

深入集成开发环境

美国 Borland 公司在 1987 年推出 Turbo C 1.0 产品时，首次使用了耳目一新的集成开发环境(IDE)，即通过一系列下拉式菜单和快捷键，将文本编辑、程序编译、链接以及程序运行等诸多功能一体化，极大地方便了程序开发。

集成开发环境的出现获得巨大成功，受到了用户空前的欢迎并延续至今。

程序员在把大部分精力放在编程的同时，也应抽出一些时间研究集成开发环境。磨刀不误砍柴工，深入了解集成开发环境后，能更快更好地开发程序。

3.1 CCS 概貌

CCS(Code Composer Studio)是 TI 推出的 DSP 集成开发环境，集代码编辑、编译、调试等多种功能于一体。

CCS 3.3 是经典的开发环境，至今很多人在用，如图 3.1 所示。

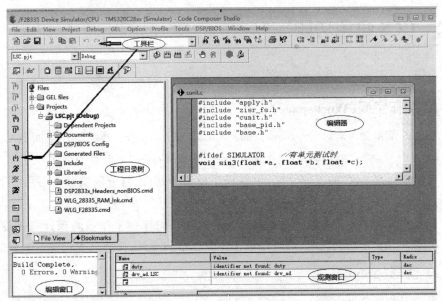

图 3.1 CCS 3.3 整体概貌

CCS 6.1 是最新的开发环境,基于开源的 Eclipse,提供了更多接口(第三方插件),囊括了 TI 所有 DSP 和 ARM,如图 3.2 所示。

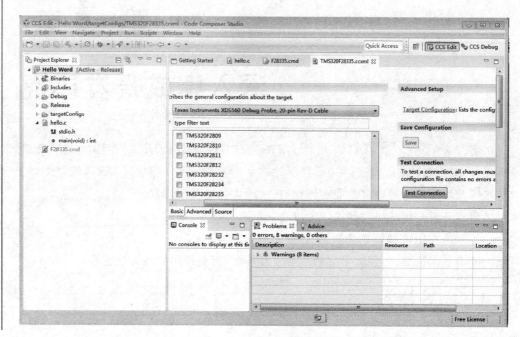

图 3.2　CCS 6.1 整体概貌

CCS 是用户编程的得力工具,易学易用;其绝大部分功能,用户只须自己尝试去单击,然后看看结果,自然就可明白。

3.2　CCS 特色功能

本章结合实际的开发经验,重点讲解 CCS 3.3 一些特色功能。

1. 工作空间(Workspace)

相关的菜单命令:File→Workspace→Load Workspace:装载工作空间到 CCS。
　　　　　　　　File→Workspace→Save Workspace:保存当前工作空间。

工作空间是 CCS 的工作环境,包括程序设置的断点、打开的文件和各种调试窗口等。

工作空间的主要用途是:节省调试时间。调试时保存工作空间到计算机硬盘,下一次或第二天重新调试时,可直接双击该工作空间文件,恢复到先前调试的地方。

2. 图形(graph)

相关的菜单命令:View→Graph→Time/Frequency:图形化显示数据变量。

图形的主要用途是：调试时，把结果数据用图形的方式显示出来，方便观看数据规律。

在弹出的对话框中，经常设置的地方如图 3.3 的箭头所示，单击确定后的图形如图 3.4 所示。

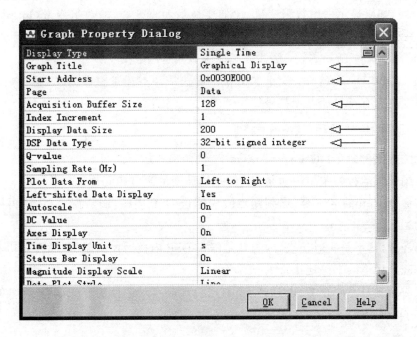

图 3.3 Time/Frequency 设置窗口

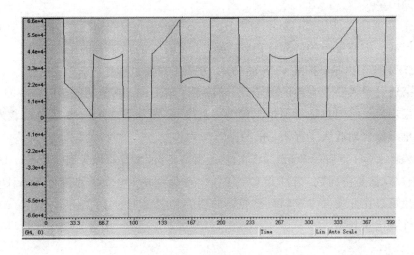

图 3.4 Time/Frequency 图

选项 Graph Title：输入窗口的名称标题。

选项 Start Address：变量起始地址，如果显示基本变量，输入"& 变量名"；如果是数组变量，则输入"数组名"即可。

选项 Acquisition Buffer Size：获取 DSP 内若干个连续数据。如果显示基本变量，填入 1；如果显示一组数组变量，比如要显示大小是 20 的数组变量（int a[20]），填入 20。

选项 Display Data Size：图 3.4 画面中能显示的数据个数。

选项 DSP Data Type：变量的类型。可选择浮点还是整数；如果是整数，是 16 位还是 32 位，有符号还是无符号等。

3. 动画模式运行(Animate)

相关的菜单命令：Debug→Animate；动画模式运行。

动画模式运行的主要用途是：连续地刷新变量窗口和 graph 图形等。

与命令 Run 的区别是，遇到断点时先停止 DSP 内核，刷新窗口，然后再接着继续启动运行。

请注意，这不是实时仿真，因为其是停止 DSP 内核后才刷新窗口的，其功能相当于遇到断点后连续不停地执行 Run 命令。

实时仿真是不停止 DSP，通过 JTAG 接口，以实时通信的模式刷新 CCS 的变量窗口和 graph 图形。

4. 菜单 GEL

相关的菜单命令：GEL

GEL 是通用扩展语言（General Extension Language）的缩写。GEL 是一个大小写敏感但缺少类型检查的解释性语言，语法上可看作是 C 语言的一个子集。

GEL 主要用途是：扩展 CCS 的功能，方便用户调试程序。

本书通过引入一个有趣的例子，引导读者了解 GEL，其他功能函数需查看手册。

如果用户长时间只针对一个工程编写程序，自然希望打开 CCS 后自动载入此工程。这里举例自动载入工程 roam. prj。

安装目录\gel 下有一个 init. gel 文件，打开 init. gel 文件可以看到一个 StartUp() 函数，此函数默认是空函数，当打开 CCS 时，CCS 会调用 init. gel 并执行 StartUp() 函数。用户可以在此文件中定制自己想要的功能。

文件 init. gel：

```
StartUp()
{
    GEL_ProjectLoad("D:\\moking\\build\\roam.prj");
```

```
}
```

请注意路径用的是"\\"。

当用户还希望打开 CCS 后,还可以进一步自动编译此工程时:

```
StartUp()
{
    GEL_ProjectLoad("D:\\moking\\build\\roam.prj");
    GEL_ProjectBuild();                    /* 编译工程 */
}
```

5. 命令窗口(Command Window)

选择相关的菜单命令:Tools→Command Window 后,弹出命令窗口。

如果用户喜欢类似 DOS 的命令行模式调试,可以使用此窗口。

比如,输入 step 50,即单步执行 50 次,可加快调试速度,要比用鼠标连续按 50 次单步执行按钮方便些。

CCS 6.1 基于开源的 Eclipse,更加方便易用,对用户更友好,特色功能不是很多。

3.3　μVision 概貌

成立于 1982 年的老牌德国公司 Keil Software 提供微控制器的系统集成开发工具,Keil 公司由德国和美国两家公司合并而成,2005 年 ARM 公司为推广其微处理器将 Keil 收购。Keil 公司是一个小而精的公司,2005 年时被收购时只有 23 人,当时的 Keil 开发环境已经是 51 单片机开发的事实标准,现在 Keil 也支持 ARM 微控制器。

2013 年 Keil 正式发布了集成开发环境 μVision 5,也称为 MDK(用户不用关心名称之间的细微差异),其提供了包括 C 编译器、宏汇编、链接器、库管理和一个功能强大的仿真调试器等在内的完整开发方案,如图 3.5 所示。

Keil 公司已将 μVision 开发得更简单易用,其绝大部分功能,用户只须自己尝试去点击,然后看看结果,自然就可明白。

本章结合实际的开发经验,重点讲解 μVision 的一些特色功能。

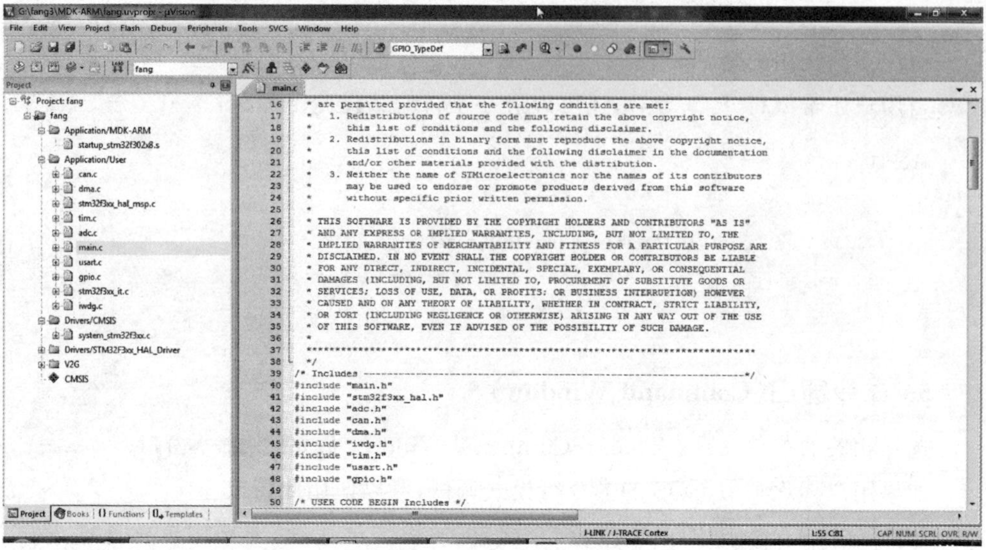

图 3.5　μVision 5 概貌

3.4　μVision 特色功能

1. 调试前自动保存工程和文件

Edit→Configureation→Editor→Save Project before entering debug：调试前自动保存工程。

Edit→Configureation→Editor→Save Files before entering debug：调试前自动保存文件。

有时重新修改程序后调试，运行结果还是不满意，还以为是修改得不对。其实有时仅仅是因为编辑完工程和 C 语言文件后忘记保存。这两项命令（见图 3.6）可以防止出现这种简单失误。

2. 自定义关键词

Edit→Configureation→User Keywords：自定义关键词高亮显示。

有时我们想让某些关键词高亮显示，方便上下文阅读。

例如，一些 C 语言高级用户，为方便移植，经常自定义新的类型变量：

typedef unsigned int　uint32;　　　　　　　　　//无符号 32 位整型变量

可以自定义类型关键字 uint32，C 语言源文件里会高亮显示该关键词。

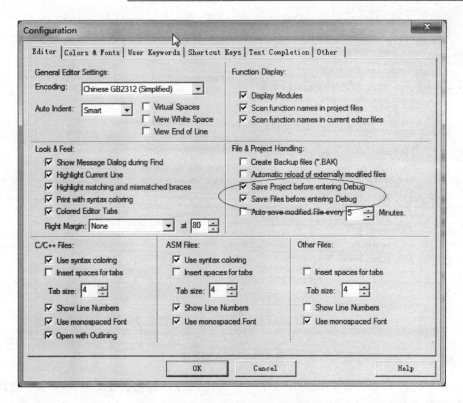

图 3.6 调试前自动保存工程和文件

3. 自定义快捷键

Edit→Configureation→Shortcut Keys：自定义快捷键。

有些常用命令和按钮，可以自己定义更适合自己习惯的快捷键。CCS 中也有快捷键定义。

4. Lint

Tools→Setup PC－Lint：配置 Lint。

Tools→Lint：当前编辑的 C 语言文件被 Lint。

Tools→Lint all C Source Files：项目中所有 C 语言文件被 Lint。

Lint 是增强的 C 语法编辑器，能检查出程序的潜在错误，后面章节会仔细讨论。

5. MicroLIB 库

μVision 默认使用标准 C 语言库，也提供了 MicroLIB 库供用户选择，如图 3.7 所示。

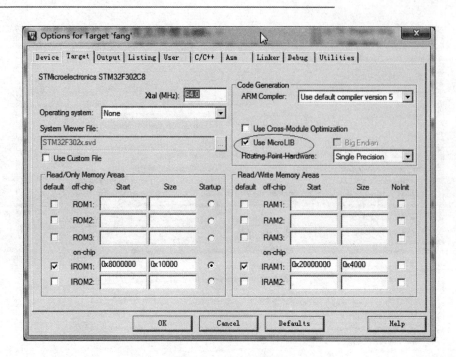

图 3.7 MicroLIB 库

相对标准 C 语言库,MicroLIB 库以精简代码为目标:牺牲了时间换取了空间,其代码量小很多,运行时间也稍慢些,且不支持复杂的函数,比如不支持文件操作函数,也不支持 main 函数的输入参数和返回值。

MicroLIB 库根据实际出发,以精简的代码,支持更多的小 ram 和 flash 微处理器,删除了标准 C 中用处不大的函数。

如附录第一条所强调,程序员应根据公司项目的实际出发,制订公司或项目的编程规范,平衡以下四样关系:公司项目特点、效率、可移植性、硬件厂家提供的外设库或算法库(易用但也常升级)。Keil 创新推出的 MicroLIB 库也是平衡了库函数代码的空间、速度、效率和可移植性。

3.5 CCS 和 μVision 共有特色

1. 优 化

CCS 3.3 里:Project→Build Options→Compiler。

CCS 6.1 里:Project→ Properties→Optimization。

优化级别共 4 级,-O0 为不优化,-O3 为最高级别优化。

CCS 里默认选择-O0,不开启优化。

μVision 里: Project→Options for Target → C/C++ →Optimization。

优化级别共 4 级,Level 0 为不优化,Level 3 为最高级别优化。

μVision 里默认选择 default,即 Level 2 级优化。

广义的优化包括两方面:大小和时间。考虑到现在存储空间越来越大,程序员感到头疼的常常是实时性不够。当 C 语言代码时间不能满足实时性要求时,程序员往往第一个反应是起用优化选项!

优化大约是最复杂的设置选项,除了专业级的 C 编译器编写人员外,恐怕很少有人能了解到优化的细微之处。如果读者想去尝试使用优化,可以查看 C 编译器手册。

笔者刚开始使用 C 语言不久(那时还运行在 F240 上),也遇到过实时性不够的问题。在花费了很多时间学习优化选项后,尝试用了优化选项。以启用优化选项-o3 为例,当时 10K 左右的代码约缩小了 10%,而速度大约加快了 10%! 代码仍可安全的执行,也就是说优化器还是比较可靠的。优化带来的麻烦是调试非常不便,有些变量直接被优化成寄存器变量,在 Watch Windows 窗口中无法观测。但很可惜,代码还是不能满足实时性要求。

事实上,加快代码速度从其他方面着手往往有更明显的效果,例如:

把一些函数(自己的函数或 C 语言库函数),通过分段操作,放到执行快的 RAM 空间。

编写定点微处理器代码时,使用 Q 格式表示小数,在提高精度的同时,速度也有提高——会省却一些除法运算。

尽量避免一些微处理器不支持的指令。比如没有硬件除法器时,变量除以 3,改成变量乘以 0.33333 会加快速度。

查找出比较费时的代码段,用汇编来完成,大幅度地加快了代码运行速度! 以某上市公司早期代码工程为例,基于定点微处理器,共 6775 行代码,共有 3 个汇编文件,其代码量约占整个工程的 3.8%。这些汇编函数有些是为了满足严格时序的要求,有些是为了大幅加快代码执行速度,有些是在 C 语言环境建立前关闭看门狗等,而这些都是 C 语言所不能完成的。

还记得第一章对硬件特色的描述么,一个好的嵌入式 C 语言程序员应该能根据微处理器硬件的特点,大约估算出 C 语言可能对应的汇编指令和时间性能,并能编写汇编函数来加快代码速度:

对于复杂指令集架构的微处理器(DSP)来说,代码的优化效果提升有限,速度提升 10% 比较靠谱。

对于精简指令集架构的微处理器(ARM)来说,代码的优化效果明显很多,因为 CPU 内部的 13 个内部寄存器参与到了优化,速度提升 30% 也很正常。

启用优化的主要缺点是：

单步调试不一定是自己想要的效果，程序的好几步可能被合并优化了。

在极少的情况下，有时整体代码会引入一些不想要的特性，所以一定要重新验证。

小思考 1: 优化掉什么

优化的效率很难准确估计。针对不同的代码和优化选项，优化效率有很大的不同。对于以下代码。

```
void main(void)
{
    int a = 0, b;
    b = 12;
    a = 12;
}
```

当不启用优化选项时，变量 a 先赋值等于 0，然后变量 b 赋值等于 12，变量 a 再赋值等于 12。当启用最高优化选项时，由于变量 a 和 b 从没有出现在等式的右边，所以上述函数体内的代码都被优化掉。

小思考 2: 优化的安全性举一例

下面的代码有意义么？

```
int a;      //定义局部变量 a
a;
```

语句"a;"的意思是读取变量值，然后什么也不做。很明显不含赋值号"="的语句"a;"没有任何作用。

有时不含赋值号"="的语句也是有用的。一个应用的例子为：读取某些寄存器从而引起另一个寄存器状态位的变化，且用户并不关心读取的值。

下面的代码就是通过读取寄存器 SPIRXBUF 引起寄存器 SPISTS 的中断标志位的变化：

```
#define  SPIRXBUF  ( *((volatile unsigned int * )0x7047))
SPIRXBUF;
```

语句: SPIRXBUF;

其等效完成的语句为: tmp＝SPIRXBUF;

但由于并不需要关心 SPIRXBUF 的值，所以存放到 tmp 变量是浪费赋值指令和存储空间的。

规范的写法是：在语句"SPIRXBUF;"前加"(void)"，此处"(void)"表示空操作的意思。这样代码变成：

```
(void)SPIRXBUF;
```

无论启用优化选项与否，语句"a;"都会被优化掉。

无论启用优化选项与否，语句"SPIRXBUF;"、"(void)SPIRXBUF;"都不会被优化掉，安全性得到保证。

2. 目标文件(.obj 或.o)和库.lib 的区别

函数文件经过编译后生成目标文件(.obj 或.o)，库文件的后缀是.lib。两者都属于可重新定位的二进制代码，但还是有所不同。

目标文件的所有代码都会被装入和链接到程序中去。链接函数库只链接所需要的函数。以标准 C 的函数库为例，当然不希望把所有的函数都连接到自己的程序中去，那样最终可执行文件的代码会大得吓人。

3. Build 的时间戳识别

相关的菜单命令：Project→Build：编译(Compile)并链接(link)整个工程的所有文件。

Build 命令只编译修改过的文件。

现代编译器都支持分别编译技术，即每个文件都可以独自编译生成二进制目标文件(.obj 或.o)，最后链接在一起生成可执行文件(.out 或.axf)。

这样的好处显而易见，如果修改了某个文件只需编译这个文件，然后连接在一起就可以了，编译的时间大大缩短。

编译器如何识别那个文件修改过？

一个经常被编译器采用的方法是：如果源文件的修改时间大于目标文件的修改时间，编译器就认为此源文件被修改过。

一个现实中的问题案例：如果出现每次执行 build 命令时，所有文件都会重新编译一遍，特别耗时，用户还不知什么原因。

此时请查看并修改源文件的修改时间。这可能是是因为用户的工程文件曾经拷贝到别的电脑并做过修改，两台电脑的时间系统不同而导致的；当用户为了某种原因(比如防止某天会发作的病毒)而调整时间，也会发生这种情况。

3.6　习　题

(1) 编译器编译(Build)工程时，如果出现错误等，按严重程度分成几类？

（2）在集成开发环境上自定义一个快捷键"Alt＋Z"，替代编译（Build）命令，多定义几个常用按钮，体验一下快捷键的方便。

（3）如何知道运行一段代码需要多少机器周期？

（4）从代码优化的角度来看，unsigned a＝7897，b；b＝a＞＞4；和 b＝a＊(1/16)；运算结果是否一样呢？如果改成 b＝a＊(1.0/16)；运算结果谁更快呢？

（5）拓展一下发散思维，你怎么看待早已名动江湖的 Keil，其实是个小而精的公司呢？

## 第 4 章

标幺化和 Q 格式

标幺化,用相对数值替代绝对数值,大量存在物理和电气教材中。绝对数值有量纲单位,而相对数值只是个百分比无量纲单位。

最常用的标幺化是设定额定值后所有数值都是额定值的相对值,此时大部分数值都落在-1.0~1.0 之间。

例 1:

假设额定电流是 100 A,当前电流是 20 A,如果用变量表示当前电流,采用绝对值的 C 语言如下:

```
I = 20;          //这是绝对值
```

而采用标幺值表示电流的 C 语言如下:

```
I = 0.2;            //这是相对值,即标幺值,0.2 = 20 A/100 A
```

因为标幺值不直观,基本上新手代码采用的都是绝对值。

标幺化最大的好处是提高了程序的移植性和通用性。更易扩展程序,如果程序有变动,改动较小。一个好的控制算法的程序必然会采用标幺值,微处理器厂商的代码案例中也大量使用了标幺值。

例 2:

假设大型设备的额定电流是 100 A,过载保护电流是 110 A,采用绝对值的 C 语言如下:

```
If(I>110)  protect();
```

假设小型设备的额定电流是 50 A,过载保护电流是 55 A,采用绝对值的 C 语言如下:

```
If(I>55)  protect();
```

为适应不同类型设备,程序中需要修改绝对值的地方就会非常多。

而采用标幺值后只需要一句话即可。

假设所有设备都是 1.1 倍过载保护,采用标幺值的 C 语言如下:

```
If(I>1.1)  protect();
```

即使适应不同类型设备,程序中也不需要修改标幺值。

标幺值在浮点微处理器的表现形式比较简单,就是浮点数,采用 float 类型的变量。

标幺值在定点微处理器的表现形式稍微复杂,是 Q15 格式,采用 int、unsigned int、long 等整数类型的变量来表示标幺值。

在定点和浮点微处理器中,熟练并灵活运用标幺值在控制算法中,是好程序的不二法门。

4.1　定点处理器中数的定标(Q 格式)

定点微处理器的硬件不支持直接处理小数(浮点数)。以表达精度为 0.01 Hz 的频率变量 f 为例,定点微处理器处理小数的方法如下:

把变量 f 定义为 float 类型。C 语言中自动调用 C 语言库函数来处理浮点数运算,在高级语言的层次上,C 语言"抹平"了定点处理器和浮点处理器的差别,用户的编程工作量最少,编译出来的代码也最庞大。float 类型精度最高,运算速度也最慢,一个简单的浮点加法也需要好多汇编指令来实现。在定点微处理器应用的很多情况中,float 类型几乎是想都不敢去想的,运行速度太慢。

变量仍定义为整型变量类型(int 和 long 型),采用放大 10^n 的倍数来表示小数。比如要表达精度达到 0.01 Hz 的频率变量 f,就将变量 f 放大 100。一个新手程序员常常如此做,但这是一个比较"僵硬"的做法:例如,当频率精度重新定义为 0.001 Hz 时,整个程序全部要重新编写,以防止溢出。

变量仍定义为整型变量类型(int 和 long 型),采用定标法来确定小数,相当于放大 2^n 的倍数来表示小数。

整数定标本质上并不复杂,简单而言,就是通过假定小数点位于哪一位,从而确定小数的精度。

常用 Q 格式来表示数的定标。如图 4.1 所示,当假定小数点(图中以实心圆点表示)位于第 0 位的右侧,为 Q0,当把小数点定位于第 15 位的右侧,为 Q15。

浮点数和 Q 格式数之间的转换公式如下:

浮点数 x_f 转换为 Q 格式数 x_q:

$$x_q = (int)(x_f \cdot 2^Q) \tag{1}$$

即,$x_q = (取整数)(x_f \cdot 2^Q)$。

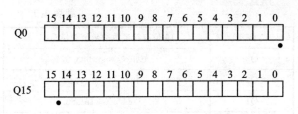

图 4.1　Q0 和 Q15 的图示

Q 格式数 x_f 转换为浮点数 x_q：

$$x_f = (float)(x_q \cdot 2^{-Q}) \qquad\qquad (2)$$

即，$x_f = (\text{取小数})(x_q \cdot 2^{-Q})$

例 3：

运用公式(1)，将浮点数 1.1 转换成定标数 Q13 格式：

$$x_q = (int)(1.1 \cdot 2^{13}) = 9011$$

1. 16 位有符号数的定标

计算机采用补码形式存储有符号数据，如果读者对补码感到疑惑的话，可以去看看微型计算机原理之类的书。平时所说的 16 位有符号数的表示范围为：$-32\,768 \leqslant X \leqslant 32\,767$，这相当于是 Q0 格式。

16 位有符号数的最高位是符号位，其直观的定标范围是 Q0～Q15 格式，相应的数值范围如表 4.1 所列。

表 4.1　Q 格式及 16 位有符号数的数值表示范围

Q 格式	16 位有符号数的数值表示范围
Q15	$-1 \leqslant X \leqslant 0.999\,969\,5$
Q14	$-2 \leqslant X \leqslant 1.999\,939\,0$
Q13	$-4 \leqslant X \leqslant 3.999\,877\,9$
Q12	$-8 \leqslant X \leqslant 7.999\,755\,9$
Q11	$-16 \leqslant X \leqslant 15.999\,511\,7$
Q10	$-32 \leqslant X \leqslant 31.999\,023\,4$
Q9	$-64 \leqslant X \leqslant 63.998\,046\,9$
Q8	$-128 \leqslant X \leqslant 127.996\,093\,8$
Q7	$-256 \leqslant X \leqslant 255.992\,187\,5$
Q6	$-512 \leqslant X \leqslant 511.980\,437\,5$
Q5	$-1024 \leqslant X \leqslant 1\,023.968\,75$
Q4	$-2048 \leqslant X \leqslant 2\,047.937\,5$

ARM
与
DSP
硬
件
特
色
和
编
程
指
南

Q 格式	16 位有符号数的数值表示范围
Q3	−4096≤X≤4 095.875
Q2	−8192≤X≤8 191.75
Q1	−16384≤X≤16 383.5
Q0	−32768≤X≤32 767

2. 16 位无符号数的定标

16 位无符号数没有符号位,即都是正数,其直观的定标范围是 Q0～Q16 格式,相应的数值范围如表 4.2 所列。

表 4.2　Q 格式及 16 位无符号数的数值表示范围

Q 格式	16 位无符号数的数值表示范围
Q16	0≤X≤0.999 984 7
Q15	0≤X≤1.999 969 5
Q14	0≤X≤2.999 939 0
Q13	0≤X≤7.999 877 9
Q12	0≤X≤15.999 755 9
Q11	0≤X≤31.999 511 7
Q10	0≤X≤63.999 023 4
Q9	0≤X≤127.998 046 9
Q8	0≤X≤255.996 093 8
Q7	0≤X≤511.992 187 5
Q6	0≤X≤1 023.980 437 5
Q5	0≤X≤2 047.968 75
Q4	0≤X≤4 095.937 5
Q3	0≤X≤8 191.875
Q2	0≤X≤16 383.75
Q1	0≤X≤32 767.5
Q0	0≤X≤65 535

程序中的一些 16 位变量不会为负,常用 C 语言的 unsigned 类型定义成无符号数。理论上说可以用 Q16 来表示更高精度的小数,但是实际中常用 Q15 格式,原因有二:一则,简化起见,统一用 Q15 格式既可以表示有符号又可表示无符号,且事实上 Q15 格式的小数精度已经足够高了;二则,防止变量以后变成有符号数,留有拓展余地。

3. 32 位数的定标

跟 16 位数一样,对于 32 位数来说,定标表示的小数精度是一样的,但其整数范围是不一样的。

例如,有符号 32 位数的 Q15 格式表示范围:$-65\ 536 \leqslant X \leqslant 65\ 535.999\ 969\ 5$。

4.2　Q 格式的六则运算

如同任何数制(包括整型和浮点型等)运算都要考虑溢出一样,定标数之间的运算也要考虑到溢出。数值能完整表示的范围如表 4.1 和表 4.2 所列,用户应时刻注意溢出问题。

以下讨论都是按照不溢出来讨论 Q 格式的运算法则的。由于推导过程非常简单,从式(1)、(2)可以轻易推导,这里只给出结论并举例说明。

DSP 中 int 类型是 16 位,ARM 中 int 类型是 32 位,而 short int 在两者里都表示 16 位,因此以下举例时采用 short int。更详细的变量类型位数,参考 C 语言高级进阶一章。

Q 格式有六则运算:加、减、乘、除、左移、右移,具体如下:

1. Q 格式加减法:

$$Q_m = Q_m \pm Q_m$$

必须是具有相同 Q 格式的数据才能相加。不同 Q 格式的数据必须先通过移位至相同 Q 格式,然后才能相加减。

例 4:

```
short int a, b;        //Q15
short int c;           //Q15
c = a + b;
c = a - b;
```

2. Q 格式乘法:

$$Q_{m+n} = Q_m * Q_n$$

不同 Q 格式的数据相乘,相当于 Q 值相加。

例 5:

```
short int a, b;        //Q5
short int c;           //Q10
c = a * b;
```

3. Q 格式除法：

$$Q_{m-n}=Q_m/Q_n$$

不同 Q 格式的数据相除，相当于 Q 值相减。

例 6：

```
short int a, b;          //Q5
short int c;             //Q0
c = a/b;
```

注：有些微处理器本身没有硬件除法器，除法是由减法和移位来完成的，比较费时。

4. Q 格式左移：

$$Q_{m+i}=Q_m<<i$$

左移相当于 Q 值增加。

例 7：

```
short int a;             //Q5
short int c;             //Q7
c = a<<2;
```

5. Q 格式右移：

$$Q_{m-i}=Q_m>>i$$

右移相当于 Q 值减少。

例 8：

```
short int a;             //Q5
short int c;             //Q3
c = a>>2;
```

4.3　Q15 格式

程序中最常用的是 Q15 格式。

从表 4.1 可知，16 位变量的 Q15 格式数值范围是一个不超过 1 的小数。小数之间相互做乘法仍是小数，永远不会溢出，这是小数的一个优势。

例 9：

Q15 格式数相乘，永远不会溢出。

```
int a, b;                    //Q15
int c;                       //Q15
c = ((long)a * b)>>15;       //注意一定要有"(long)"。
```

如果一个数据既包括有整数又有小数,使用 Q 格式时,一个简单且直观的做法是:选定一个合适的 Q 格式(Q_m)来表示,有些运算也必须这样做。

但一个更常用且简洁的方法是:把数据全部转化成小数——标幺化,再用 Q15 格式表示。

假设原始整数 x 取值范围不会超过某一极限最大值,设此极限最大值为 MAX。将原始整数 x 除以常数 MAX 转换成一个小数,再按照浮点数转换定标的公式(1)和(2),转换成 Q15 格式。

原始整数 x 转换为 Q15 格式数 x_{15}:

$$x_{15} = (int)(x/MAX \cdot 2^{15}) \tag{3}$$

Q15 格式数 x_{15} 转换为原始整数 x:

$$x = (float)(x_{15} \cdot MAX \cdot 2^{-15}) \tag{4}$$

以上两公式互为逆运算。

其中 Q15 格式数 x_{15} 转换为原始整数 x 的速度非常快,只用到了乘法和移位。

把整数 x 转换为 Q15 格式数 x_{15} 后,在后续程序运算中就只用 Q15 格式数 x_{15}。程序员应建立起一个应用概念:变量 x_{15} 是 Q15 格式,Q15 格式只能表示一个小数,因此变量 x_{15} 就代表一个不超过 1 的百分数概念(也可看作很多数学公式推导时常用的标幺值),范围从 -100% ~ $+100\%$。在程序中对一个小数(百分数)操作会带来很多便利性。

运用公式(3),以频率变量 f 为例来完成 Q15 转换,假定变量 f 的变化范围是:

$$0\ Hz \leqslant f \leqslant 120\ Hz$$

例 10:

设定一个常数 MAXF=120,那么频率变量 f=50 Hz 的 Q15 格式数表示为:

```
#define  MAXF  120
unsigned int f;
f = ((unsigned long)50<<15)  /  MAXF;        //f = 50 Hz 的 Q15 格式
```

此时频率变量 f 等于 13 653。

频率 f 代表的是百分比数值,且精度也很高。

上述计算频率变量 f 的语句,用到了除法"/",而除法运算是比较费时的。解决的方法有三:

很多数值都可离线设定。也就说,离线计算好 50 Hz 对应 13 653,然后赋值 f=13 653 即可。

从 50 Hz 转换到 13 653 的设定过程,绝大多数情况下对时间要求不苛刻,可以放在主程序中或优先级比较低的任务中。

必须在线设定又对时间要求苛刻时,一个变通的方法是:设定常数 MAXF 为 2 的幂次方,比如 MAXF=128,即可把除法转化为右移。

反过来,如果已知 Q15 格式的频率变量 f=13 653,通过公式(4),可容易得到实际对应的频率 50 Hz。

当要表达频率精度 0.01 Hz 时,对于频率变量 f=50.01 Hz,要稍微运用点技巧:

例 11:

设定一个常数 MAXF=120,频率变量 f=50.01 Hz 的 Q15 格式数表示为:

```
#define  MAXF  120
unsigned int  f;
f = ((unsigned long)5001<<15)  /  (MAXF * 100)//f = 50.01 Hz 的 Q15 格式
```

此时频率变量 f 等于 13 656。

从例 10 和例 11 可以看出,50 Hz 时频率变量 f=13 653,50.01 Hz 时频率变量 f=13 656。换句话说,使用 Q15 格式后,频率变量 f 可以轻易分辨出 0.01 Hz 的精度。

4.4 智能 IQ 格式

TI 公司为 C28x 系列中的定点 DSP 提供了一个智能 IQ 格式库:IQmathLib.h。IQmathLib.h 采用宏函数定义完成,效率高,等同于上述章节用法。

IQmathLib.h 一共提供了 30 种 Q 格式,具体选择哪种格式需要兼顾精度和值的大小。

例如,将数 5.0 转化为 Q 格式,只能从 _iq1～_iq28 里面选择,而不能转化为_iq29～_iq30 表示,因为 _iq29 能转化得最大值为 3.999 999 998,否则会发生溢出。所以在定 Q 格式时要对数的范围做一下估计。

以下举例说明。

例 12:

```
#include "IQmathLib.h"
#define  PI  3.14159
long sinout_iq              //_iq29 类型
float sinout_flt;
sinout_iq = _IQ29sin(_IQ29mpy(_IQ29(0.25),_IQ29(PI)));
```

sinout_flt = _IQ29toF(sinout_iq);

上述代码的功能是计算 sin(π/4)的值,然后赋给浮点数 sinout_flt。

sinout_iq 值的格式为_iq29 类型,所以要通过函数_IQ29toF(sinout_iq)转化为 float 类型,才是我们需要的最终结果。

不是所有厂家宣传推荐的东西都是有生命力的,学习者(学生和从业者)要有自己判断。虽然智能 IQ 格式库是 TI 厂家很聪明的尝试,但我们这里只做简单介绍,不做推荐,主要是因为有点啰嗦,不够直观,降低了看代码的效率(虽然没有降低执行效率),其流行度也不算高。

4.5 小 结

讲解标幺化的理论是比较干巴、抽象的,但应用习惯后,会发现其实是很简单的,且好处多多:其方便易用,程序更简练,数值精度也会提高,甚至还可以减少一些除法运算,代码通用性和移植性也大幅提高。

对于定点微控制器用户,Q 格式(也称为 Q 表示法)非常有用。虽然往深处讲,Q 格式还有更复杂的东西(比如除了表 1 的数值范围外,16 位数也能表示任意的 Q_m 格式等),但从实用角度而言,掌握本章内容基本就够了。

给初学者的话:

初学标幺化是比较难适应的,但非常值得花时间搞明白。就如同从 10 进制转换到十六进制,开始时会不习惯字母"A,B,C,D,E,F",更不熟悉十六进制数的乘法和除法。但十六进制数是二进制数的简洁扩展和概括,由于其方便易用已深入人心。在冯诺依曼提出二进制的计算机概念之前计算机是十进制的!

4.6 习 题

(1)十六进制的小数 0.1H 等于十进制的什么?

(2)浮点数 0.5 的 Q15 格式是多少?

(3)Q 格式的六则运算公式?

(4)拓展下知识面:实际在 TI 或 ARM 网站找一段采用标幺值的例程,分析下有哪些好处?

第 **5** 章

C 语言高级进阶

C 语言创始人里奇(Dennis Ritchie)说过:"C 诡异离奇,缺陷重重,却获得了巨大的成功。"

在微控制器领域,C 语言最为成功,即使后续的 C++语言在电脑上非常流行,但因为效率和可移植性等缺点,也无法望其项背。

在深入讲解 C 语言前,轻松一下,C 语言的历史还是很精彩的。

5.1　C 语言历史

说起 C 语言的历史,就必须提 UNIX,两者有点鸡生蛋蛋生鸡的关系;也就必须提到贝尔实验室的两位杰出青年:汤普森(Ken Thompson)和里奇(Dennis Ritchie)。

1966 年,23 岁的汤普森大学毕业后就加入了贝尔实验室。3 年后汤普森用汇编设计出一个操作系统,取名 UNIX。第二年,汤普森又根据 BCPL 语言设计出无类型的 B 语言。

说明:无类型的意思相当于说 B 语言中只有 int 类型,而没有 long、float 等其他类型。

1972 年,汤普森的好友里奇在 B 语言基础上发明了有类型的 C 语言(最初称为 new B 语言)。设计 C 语言的主要目的之一就是用来编写 UNIX 操作系统,也因此,多年来,运行在 UNIX 操作系统的 C 一直是公认的标准。

说明:因 C 语言脱胎于无类型的 B 语言,C 语言是弱类型语言——不进行强类型检查,此后的标准 C 逐渐加强了类型检查。

1973 年,汤普森重新用 C 语言改写了 UNIX 操作系统,成功突破操作系统必须用汇编语言的禁区,用 C 语言编写的操作系统在移植性和代码效率方面做到了最好的平衡。

说明:UNIX 操作系统上使用的二进制可执行文件格式就是 COFF 格式,后期采用 ELF 格式。DSP 采用 COFF 格式,ARM 采用 ELF 格式。后来微软崛起时,吸纳了大量 UNIX 程序员,新的二进制格式 PE 就建立在 COFF 基础上,这已是后话。

1978 年,里奇和 Kernighan 合著了 *The C Programming Language* 一书,简称为"K&R C"。这本书受到了广泛的赞誉,被誉为 C 语言的圣经。这时期各种版本的 C 语言都以此作蓝本,K&R C 成了事实上的标准。

说明:在集成开发环境中可以指定编译器就按照 K&R C 语法来编译程序,当然没有啥实用意义。经典又俏皮的入门例子"hello world"即源于此书,笔者在写本书第二章时还专门查询了原书写法。

1983 年夏天,美国国家标准化组织(ANSI)开始了 C 语言的标准化。标准化工作历时六年,冗长又拖拉:既要考虑兼容事实标准 K&R C,又有各方利益在此角斗,比如,微软希望把自己编译器上的关键字 far、near 等加入到标准中,微软背后倚恃的是:PC 上的 C 语言用户当时已是多数。直到 1989 年冬天,才正式出台了通常称之为 ANSI C 的标准,简称为:标准 C 或 C89。紧接着,更权威的国际标准化组织(ISO)做了些页面调整之类的小改动后,接纳了 ANSI C。随后,1990 年初,ANSI 又重新采纳了 ISO 标准。至此 C 语言的世界标准和美国标准合二为一,我们称为 C89 或 C90 版本。

1983 年还有一件值得一提的事,汤普森和里奇同获计算机界的最高奖——图灵奖。

至此业界的 C 编译器都开始向标准 C 靠拢或兼容。标准 C 的地位确定下来,但仍有一些改进。

1995 年,ISO 对 C 语言标准做了第一次修订,主要添加了一些函数库。

1999 年,ISO 添加了一些新特性,如变长数组(即数组长度可动态变更 int a[n])等;也废除了一些非常不好的特性,如外部函数不显式声明就直接引用(主要是为了加强类型检查)等,这个版本被称为 C99。

2011 年,ISO 又推出了最新的 C11 版本,此时的 C 语言竟然支持多线程编程了,但最终还是没有加入面向对象的特性。2018 年 ISO 对 C11 做了少许修订。

说明:C99 和 C11 是 C 语言的最新标准,兼容 C89,只是增添了一些新特性。但它们没有获得 C89 那样的成功,直到今天也不是所有编译器支持。很大的原因是:能引领风潮的电脑和手机程序员,大都已经投入 C++/JAVA 等怀抱。现今真正使用 C 的用户大都集中在嵌入式开发等领域,这些用户显然对运行效率非常敏感,而实现 C99 的新特性意味着运行效率降低。

表 5.1 为 C 语言标准发展的重要节点。

ARM 与 DSP 硬件特色和编程指南

表 5.1　C 语言标准发展的重要节点

时间	标准名称	制定者	备注
1978	K&R 规范	K&R	
1989	ANSI C 简称 C89	ANSI	C 语言第一个标准
1990	C90	ISO	C90＝C89
1995	C95	ISO	修订
1999	C99	ISO	C 语言第二个标准
2011	C11	ISO	C 语言第三个标准

考虑到人类喜欢知道事情最终结果的天性,也为了对人物叙述有始有终,简述贝尔实验室的两位杰出人物近况:

汤普森:1998 年与里奇同获国家技术奖。2000 年从贝尔实验室退休,时年 57 岁。后加入谷歌公司,和其他人一起发明新语言 Go,但 Go 并没有像 C 语言那样流行。汤普森的爱好竟然是驾驶飞机。

里奇:任贝尔实验室计算科学研发中心系统软件部经理,伴随着贝尔实验室的衰落,2011 年去世,终身未婚。

64

对 C 语言甚至 C＋＋语言的总体评价,可借用里奇的话:"C 诡异离奇,缺陷重重,却获得了巨大的成功"。这是一个优点很突出缺点也不少的语言。

5.2　C 语言特点和注意事项

早期 C 语言主要用于 UNIX 系统,并很快风靡各类计算机。

归纳起来,C 语言具有下列特点:

1. C 是结构化高级语言

C 是结构化高级语言。

高级语言大大减轻了程序员的工作量。

结构化语言的显著特点是代码及数据流的分离,程序的各个部分(称为子程序,在 C 语言中是函数)除了必要的信息交流外彼此独立。在若干年前,人们大加赞赏这种结构化方式可使程序层次清晰,便于维护以及调试,事实上相对于汇编语言和早先的 BASIC 语言等,也确实如此。

今天,更加模块化的面向对象编程更受到 PC 程序员的追捧,对象是代码和数据的更好封装,而不再是分离。面向对象编程的缺点是:语法庞大繁杂,效率略低于 C 语言。

但无论如何,结构化和面向对象并不是水火不容的,在编写函数这一层次上,二者是一致的。

2. C 是高效的中级语言

C 语言最早的用户是编译器和操作系统设计者,C 语言满足了这些人对高效率的需求。因此 C 语言集高级语言和低级语言功能于一身,有时被称为中级语言。

C 语言具有各种各样的数据类型,丰富的运算符;通过引入了指针概念,使得程序效率更高。C 语言可以像汇编语言一样对数据的位和地址进行操作,这是直接跟硬件打交道的嵌入式编程不可缺少的。

3. C 语言适用范围广

C 语言一个突出的优点就是适用范围广:从巨型机到 PC,从 ARM、DSP 到 51单片机,皆可见其身影。C 是目前唯一能运行于绝大多数机型的语言。

适用范围广的主要原因是很多定义保留给厂商,比如变量 int 多少位就留给厂商来决定,可以是 8、16、32、64 位等,这样就可以适应各类 CPU。

适用范围广增强了 C 语言的移植性,极大程度地拓展了程序员的劳动成果:程序代码通过少量修改和编译,可以很方便地移植到其他机型。而可移植性对于汇编语言是不可想象的。

65

4. C 语言生成的代码效率高

相对于其他高级语言,C 语言生成的代码效率非常高。

一个经常被 C 语言书籍引用的数据是"一般只比汇编程序生成的目标代码效率低 10％～20％",这是一个有些夸大的数据。实际上评估代码效率因不同版本的编译器、不同的芯片结构、不同的测试代码(有些特殊的高效复合汇编指令很难被编译到),差别很大。极端的时候,比如微处理器没有硬件除法器但提供了特殊指令时,C语言编译时如果没有调用该特殊指令,除法效率连汇编语言 10％的效率都没有。

虽然很难给出个准确结论,懂汇编的 C 用户最爱问的就是 C 代码效率如何。下面给出带有条件的典型说明:

赋值、加减乘移位、条件判断、循环、指针、简单函数调用等普通操作,C 语言接近或等效间接寻址的手工汇编效率。

而纯汇编的程序往往是直接寻址(而不是比较慢的间接寻址),子程序调用采用全局变量赋值,而很少采用压栈出栈这种函数方案,所以纯汇编的快是牺牲了代码可重用性和移植性的。

建议:大多数程序中,绝大部分代码(99％以上)并不是要求很苛刻的,在这些地方应使用 C 语言。对时序要求严格、资源紧张、C 语言无法操作到的地方,才考虑用汇编。嵌入式编程中,绝大部分代码用 C 语言编写,这已经是大势所趋。即使在比较慢的 51 单片机上,C 语言已经非常流行。

C 语言和汇编语言之间不光是互相竞争的替代关系,还有协同工作、各抒所长的互补关系。

使用 C 语言需要注意的一些事项:

1. C 语言是弱类型语言

C 语言是从无类型的 B 语言演化来的,虽然有类型,但不进行强类型检查。例如,当外部函数不显式声明时,默认为 int 类型;函数显式声明时如果不列出形参,调用函数可任意给出实参等。

标准 C 这么做的原因是为了兼容老版本的 K&R C。不过,越来越多的呼声建议加强类型检查,C99 就取消了外部函数不显式声明就直接引用。编写程序时应显式声明函数,加强类型检查。

2. C 语言的移植性

象 int 类型的变量右移一位是不是相当于除以 2,即是算术右移还是逻辑右移,这竟然在标准 C 中没有规定,也就是说编译器厂家可以自己定夺。类似的还有求余运算符等。标准 C 把这些权力交给编译器厂家,主要是基于兼容老版本的 K&R C 的考虑。对需要可移植性的用户而言,这带来一点麻烦。用户在写程序前应查看编译器手册。

3. 为了效率而舍弃的一些特性

C 语言没有字符串变量,而是用数组来存储字符串,通过调用函数实现字符串合并等操作。而 BASIC 语言提供了字符串变量,可以轻易地通过运算符"+"实现字符串合并操作。由于字符串变量的操作要用到动态内存技术,耗费时间,影响运行效率,所以 C 语言没有实现这个特性,这多少带来了不便。

C 语言也没有数组越界检查,实现运行过程中的数组越界检查要耗费些运行代码。由于 C 语言数组是从下标 0 开始,初学者非常容易数组越界。防范的方法是:除了程序员小心谨慎外,请用更严格的语法检查软件(如 lint),来做检查。

4. 效率和规范

在满足需要的前提下,应该规范第一,效率第二。效率与规范是一个容易引起争论的问题,废除 goto 语句的争论就属于这个命题。不过这些年来,goto 语句在程序中也几近绝迹。高级语言和低级语言的一个很大区别就是:以良好的规范来换取效率的一些损失,并且大部分人都认为是值得的。

结构化语言中 goto 语句该不该废除的争论旷日持久,直至今日:在比较新的语言 JAVA 中没有了 goto 语句,而在更新的 C♯语言中又有了 goto 语句。

goto 语句使程序不结构化且难维护,但 goto 语句能高效地从三层以上的循环中跳出来,而这点是 break 语句望尘莫及的。当然反驳者会说:程序中有三层以上的循环时,表明这个程序应该修改了,且非结构化的 goto 语句使程序出错的机率增加。考虑到 C 语言主要用在资源非常有限的嵌入编程上,这时候效率是非常重要的东西,所以建议:少用、慎用。

与此类似,通过在 switch 语句后少写一些 break 语句能减少冗余代码,提高效率,但常常犯的错误是 switch 语句后漏写了 break 语句。

但无论如何,如果过多地缺乏效率,C 语言就不是 C 语言了。

5. 书写与命名风格

规范和个人书写风格,有容易混淆的一面,简单地区分二者的依据是:规范相对于风格,应该是对保证程序的正确性有确实的贡献,能提高程序的强壮性,规范是少有争议的。

结构化风格编程、尽量减少全局变量的应用、定义函数指针时带有参数类型列表等等都属于规范范畴。个人书写风格则比较琐碎,如 tab 健包括 4 个空格还是 8 个,while 语句的大括号应当另起一行还是置于 while 后等等。

C 语言语法限制不太严格、程序设计自由度大,程序编写者有较大的自由度,由此带来编程风格问题。比较有名的有 K&R 风格、BSD 风格等。因书写风格而打笔仗的程序员比比皆是,这也不能怪这些程序员,第一本 C 语言书创作时,作者 Kernighan 先生与合作者,也因为风格问题而起争执。

概括而言,所有的风格都是从美观、书写简约、不易出错还有个人喜好这些角度出发。可惜这几个目标不能同时兼得。但不能为了美观、简约而增加程序的易出错性。如外部函数不显式声明,数据类型转换时不显式强制转换等,这样简约是简约了,可程序变得不健壮了。

以下是一些比较通用的命名做法:

变量、常量和对象命名,多用名词或形容词+名词。

函数命名,多用动词或动词+名词。

如果 C 语言采用面向对象的编程风格,对象命名可以名词,对象内的函数采用名词+动词。

书写风格与命名风格的东西太烦琐,比如 if - else 是紧凑型还是大括号单独占用一行,变量命名时使用大小写混合方式还是使用下划线分隔等等。本书不准备在风格方面着墨太多,有兴趣的读者请参考有关书籍,但无论使用什么风格,请在程序中一以贯之。

5.3　C 语言要点

本节只讲述：C 语言要点、微处理对 C 语言的特殊要求,不对 C 语言做入门讲解。

1. 注　释

标准 C 规定,所有的注释由字符号"/ ＊"开始,以"＊/"结束。通常称为块注释。块注释不允许嵌套使用,这多少带来了一些不便。

举例如下：

```
b＝a＊2;              /＊b是偶数＊/
……
a＋＋;
```

假如调试时需要把这上述多行代码屏蔽,上述代码中有块注释"/＊b是偶数＊/",由于块注释不允许嵌套,则无法完成这个功能。

实际中很多 C 版本都提供了一种新的注释(在 C＋＋和 C99 中成了标准规范),注释由符号"/ /"开始,直至行尾结束。通常称为行注释,行注释简单又方便。这样便有了明确分工：行注释主要用来做程序注释,结合块注释可以屏蔽整段代码。

屏蔽整段代码的写法如下：

```
/＊
b＝a＊2;              //b是偶数
……
a＋＋;
＊/
```

方便起见,本书的例程中使用了行注释,DSP 和 ARM 的 C 编译器也支持行注释。

2. 数据类型

C 语言有 5 种基本数据类型：字符型(char)、整型(int)、单精度浮点型(float)、双精度浮点型(double)、指针型(＊)、无值型(void)。

C 语言还有 4 个修饰符：短型(short),长型(long),有符号(signed),无符号(unsigned)。

修饰符＋基本数据类型的一些有效排列组合,就构成了可以使用的有效数据类型,具体参见表 5.2。

其中 int,signed 为默认类型,书写时可以省略。也就是说以下数据类型等价：

```
signed int = int
unsigned int = unsigned
long int = long
```

为了适应各种机器类型,标准 C 中没有规定各数据类型占用的位数,只是要求 long int 型数据长度不小于 int 型,int 型数据长度不小于 short int 型,double 型不小于 float 型。long double 型不小于 double 型。

尽管数据类型位数随不同的处理器和编译器而异,但一般而言 int 型是计算速度最快的类型,也就是机器的位数。但考虑到兼容性,比如 DSP 中 32 位的 C28x 是由 16 位的 C24x 升级而来,其 int 类型不是 32 位而是 16 位。

因此 DSP(C28x)和 ARM(Cortex - M)的数据位数是不一样的,详细的说明见表 5.2。

表 5.2　数据类型

数据类型	ARM Cortex - M 位数	DSP C28x 位数
char	8	16
short	16	16
int	32	16
long	32	32
long long	64	X
float	32	32
double	64	32
long double	64	32

long long 和 long double 是 C99 增加的新类型。

你觉得指针变量是多少位的?

虽然没有多少编程时的实用性,但我们这里还是给出答案,ARM 的指针变量是 32 位,DSP 比较特殊是混合 16 和 22 位,即寻址 64KB 空间采用 16 位指针,寻址更多空间采用 22 位指针,明白这点在选择实时库文件和配置 CMD 文件时有用。这也说明 C 语言的拓展性很强:很容易从早期的寻址 64KB 空间,拓展到更广的寻址空间。

3. 字符型常数

字符在计算机中以其 ASCII 码方式表示。

字符常数用单引号括起来表示,如 'a', '9'。单引号中包含有 '\' 时,表示转义字符,如 '\0','\n'。C 语言中字符变量赋值时既可以用字符常数,也可以用字符对应的 ASCII 码数值来直接赋值。

```
char c;
c = 'A';
c = 65;              //本句和上面一句等价
```

在此捎带提一下字符串常数。字符串常数用双引号括起来表示,如"error","china"。字符串常数相当于是在字符 error 或 china 后添加了表示结束的 '\0' 字符。C 语言虽有字符串常数但无字符串变量,所以常通过字符型数组来装载字符串常数。

4. 无值型(void)

无值型主要有两个用途:

(1) 空操作

void 处在函数定义中返回数据类型的位置时,明确地表示一个函数没有返回值;

void 处在函数定义中形式参数列表的位置时,明确地表示一个函数没有参数。

明确地添加 void 声明有助于 C 编译器加强类型检查,减少可能产生的错误。

```
void f (void)              //函数没有返回值,也没有参数
{
}
```

(2) 万能类型指针

用在指针前,表示一个万能类型指针,可根据需要强制转换到任意类型。经典的 malloc 等内存分配函数返回值就是一个万能类型指针。

```
int * p1;            //p1 是 int 类型指针
void * p2;           //p2 是万能类型指针
```

5. 变量修饰符 const:

const 修饰的变量在初始化完后,就变成只读类型,程序将不能修改该变量。const 用来防止程序员误修改变量,加强程序健壮性。

```
const unsigned a = 10;
a = 21;              //编译器会提示这句出错
```

当一个变量初始化完后再也不出现在等式左侧时,编译器会认为该变量的值不变,从而有可能以某个常数置换该变量。关键字 volatile 用来告知编译器,不要将该变量优化掉。

6. 变量修饰符 volatile

关键字 volatile 告知编译器不要将该指针变量优化掉(不会用常数替代),常用来修饰指向确定地址值的指针变量。

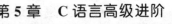

```
volatile unsigned * p = (volatile unsigned * )0x8000；
unsigned a；
a = * p；                    //地址 0x8000 里的数值,赋值给变量 a
```

7. 运算符和表达式

C 语言有极其丰富的运算符,如:赋值运算符、算术运算符、关系运算符、逻辑运算符、位与运算符等等。由运算符、常量、变量及括号构成表达式。

应用运算符和表达式,需要注意的有以下几点:

8. 自动类型转换和强制类型转换

C 语言规定:不同数据类型做运算时系统会自动转换,转换的方向都是由精度底的数据类型向精度高的数据类型。如下面表达式中,整型变量 a 自动转换成长整型。

```
int a = 3；
long b = 2, c；
c = b + a；
```

一般情况下,自动类型转换大都是正确的,且简化了书写烦琐。但在赋值运算中稍有例外,如:把 long 型变量赋值给 int 型变量时,系统自动完成类型转换,而不做任何警告。

```
unsigned short int a；
unsigned long b = 65537；
a = b；                    //可能错误,16 位变量 a 实际装不下 65537
```

C 语言为了效率的原因,必须允许转换,但这也经常是 bug 之源。想想看:如果只是纯粹手误而把 long 型转化到 int 型,系统竟然丝毫不做提示。即便不是手误,那后来维护者又如何能知道不是手误呢。

建议:在赋值语句或容易引起混淆处,做显式的强制转换,表明程序员确实知道这样做的后果,如:

```
unsigned int a；
unsigned long b；
a = (unsigned int)b；
```

9. 少写强制类型转换的错误

例 1:

以下是求无符号整数平均值的函数,看看有什么错误。

```
unsigned int average(unsigned int a, unsigned int b)
```

```
{
    unsigned int c;
    c = (a + b)/2;
    return c;
}
```

代入数值看看,当 a 和 b 都是 0x8001 时,此时等式 a+b 会产生溢出。不要想当然地认为:只要表达式"(a+b)/2"不超出无符号整数的范围,计算机就会给出正确的结果。自动类型转换在这里并不会发生,正确的写法应该是显式地写出强制类型转换:

```
c = ((unsigned long)a + b)/2;
```

或:

```
c = ((unsigned long)a + (unsigned long)b)/2;
```

10. 运算符的优先级和结合性问题

```
if (   a   = =   b & 0xff   )        c = 3;
```

上面的语句是变量 b 和 0xff 位与,再和变量 a 作比较?

答案:否。不注意到运算符的优先级和结合性问题的人,注定要犯错误。== 的优先级要高于 &,所以上述条件判断实际上是:

```
if ( (a = = b) & 0xff )  c = 3;
```

先判断 a 是否等于 b,判断的结果为 1 或 0,然后再位与 0xff。

表达式中经常犯的错误是:

误以为算术运算符的优先级比移位运算符低。

误以为关系运算符的优先级比逻辑运算符低。

记住所有的运算符的优先级和结合性比较难。建议:

复杂表达式中有多个运算符时,用括号明确地区分运算顺序。如:

```
if (a = = (b & 0xff))  c = 3;
```

如果认为括号太多严重影响美观时,请注意查阅运算符的优先级和结合性。

注意区分同一符号代表不同运算符时,有不同的优先级。如:& 代表位与运算符或取地址运算符时,优先级差别很大。

小思考:如果你认为 C 语言运算符的优先级不符合常理,你又是标准 C 的委员,你会改变它么?

前面已经说过的标准 C 为了兼容性而做了种种妥协。一旦改变这些运算符的优先级顺序,就意味着对维护和再开发人员而讲,那些已运行多年的 C 语言程序将充满 BUG。

11. ＝是赋值运算符

```
if (a = 4)   c = 3;
```

上面的语句不是判断变量 a 是否等于 4,而是把 4 赋值给 a,赋值表达式是有值的,等于 4。然后 if 语句做判断,结果为真,后面的语句总是会被执行到。

误把赋值运算符＝当作＝＝,恐怕是初学 C 语言的人都曾犯过的错误。

赋值表达式是有值的,所以如下形式语句是合法而又常用的:

```
a = b = c = 4;
```

注意变量声明中不可以用这种形式:

```
int a = b = c = 4;          //错误
```

虽然在逻辑判断中经常犯的错误是:误把赋值运算符＝当作＝＝。

但在少数情况下,赋值运算符＝还是会出现在逻辑判断中,实现一些高效操作,典型的实现是字符串拷贝函数 strcpy 等。

73

12. 有符号数的右移运算

汇编中,移位指令一般要比乘除指令快得多(有些移位操作甚至可以附加在很多其他汇编指令中而不耗费任何机器周期)。也因此,C 语言中移位运算常常在编程中取代乘除 2^n 的算术运算。

但要注意:象 int 有符号类型的变量右移一位是不是相当于除以 2,即是算术右移还是逻辑右移,竟然在标准 C 中没有规定,这不能不说是挺遗憾的。大多数编译器都是按照算术右移(相当于除以 2)来编译的,DSP 和 ARM 的编译器也如此规定。

13. 程序控制语句

程序控制语句包括:选择控制语句、循环控制语句、转移控制语句。

多重 if 嵌套时,容易犯 if - else 配对错误。

例 2:

```
if (a>0)
    if (b<1)   c = 2;
else
    c = 3;
```

从缩进上来看,设计者希望 else 是与 if (a>0) 配对。但是 C 语言规定 else 总是与最近的 if 配对,结果,上述算法违背了初衷,实际变成了如下形式:

```
if (a>0)
{
    if (b<1)
        c = 2;
    else
        c = 3;
}
```

改进的办法是使用复合语句,将上述程序段改写如下。

例 3:

```
if (a>0)
{
    if (b<1)   c = 2;
}
else
    c = 3;
```

switch 语句用于多分支选一的情形,switch 语句常用格式为:

```
switch (表达式)
{
    case 常量表达式 1:语句 1;break;
    ……
    case 常量表达式 n:语句 n;break;
    default:语句 n + 1;
}
```

其中常量表达式的值必须是整型、字符型或者枚举类型;语句 1～n 可代表多条语句,而不必另外加大括号;switch 语句中,如果没有 break 语句可以完成一些特殊的用法,但经常犯的错误是忘记写 break 语句。

好的 default 语句能增强程序的鲁棒性(强壮性)。建议:无论程序中有无用到 default 情况,都写上 default 语句,即便是空语句,后来的维护者也不会误认为先前的编程者有遗漏。

小思考:比较一下语句 **for(;;)** 和 **while(1)** 的区别。

```
for(;;)
{
    ……        //代码
}
while(1)
{
    ……        //代码
```

```
}
```

for(;;)语句编译时,一定会被转化成一个无条件循环汇编指令,会被编译成汇编指令:

跳转　label

理论上而言,while(1)语句编译时,除了编译成上述的无条件循环外,另一种可能性是:先做一个每次条件都是真(1)的判断,成为条件循环。现在的编译器技术都比较高,有时二者都会编译成无条件循环汇编指令。

但 while(1)只要把 1 修改成 0,就相当于不执行后续代码,这在调试时有时带来方便。

但仍建议,程序中用 for(;;)而不用 while(1)。

如果不采用操作系统,嵌入式编程经常是前后台程序架构:主程序 ＋ 几个硬件中断,其中主程序常常是个死循环。

14. 函　数

函数调用会占用一定的堆栈开销,函数不要嵌套过多,以免堆栈溢出。虽然 C 语言支持递归调用,但十分耗费时间和堆栈资源。

标准 C 规定了一些库函数。对于一些特别耗时的函数(比如对文件的操作),DSP 和 ARM(Keil)默认的 C 语言库(Microlib)并不全部支持。

15. 全局或静态变量没有显式初始化

根据定义在函数体内外和有无修饰符 static,变量可分为:全局变量,静态局部变量,静态外部变量。这里变量的概念包括基本变量、数组、结构体。

当全局或静态变量没有显式初始化时,标准 C 规定变量值初始化为 0,ARM 的 Keil 编译器采用标准 C 的定义。

但从效率出发,DSP 的 C 语言规定:没有显式初始化的,仍保持未初始化状态。

```
static int a;      //ARM 的 Keil 编译器中 a 默认是 0,DSP 编译器中 a 默认是未知。
```

16. 数组越界

数组是若干相同类型变量组成的集合。数组由连续存储单元组成,最低地址对应于数组的第一个元素,最高地址对应于最后一个元素。

引用数组中的元素时,切记下标是从"0"开始,至"常量表达式－1"结束。例如,对于数组:

```
int a[12];
```

可以引用 a[0]、a[1]、……、a[11]。初学者常犯的错误是越界引用 a[12]。

为了效率的缘故,C 语言并不检验数组越界。这是一种常见的错误,且有时非常难以定位错误,可惜这又是符合标准 C 语法的。

17. 字符数组

数组最常见的用法之一是存储字符串。在 C 语言中,字符串以空字符'\0'结尾。因此,在定义字符数组时,必须比要存放的字符串多一个字符。例如,要存放长度为 10 的字符串,需要定义 11 个字符的数组如下:

```
char str[11];
```

这样就给字符串末尾的空字符保留了空间。

尽管 C 语言没有字符串数据类型,但却允许使用字符串常数。字符串常数是由双引号括起来的字符表。使用字符串常数时,编译程序自动在末尾加上空字符。存放字符串的字符数组初始化可采用如下的简化形式,例如:

```
char str[6] = "hello";
```

上面代码产生和下面代码相同的结果:

```
char str[6] = {'h','e','l','l','o','\0'};
```

初始化时,表征数组大小的常量可省略,编译器自动计算数组的长度,减少了手工计算的易出错性。以下两种表达方式等价,都生成长度大小相等的数组:

```
char str[] = "welcome to DSP world";
char str[21] = "welcome to DSP world";
```

不指明长度的数组并不是变长数组,其长度是编译时决定的,而不是程序运行时动态生成。变长数组在 C99 中才支持。

18. 向函数传递数组

将数组传递给函数时,其实是将数组的起始地址作为参数来传递给函数,而不是将所有数组元素作为实参来传递。

函数若要接收数组的传递,可以用下面的三种方法来说明形式参数:

(1) 指定数组大小的数组:void f(int a[10]);

(2) 不指定数组大小的数组:void f(int a[]);

(3) 指针:void f(int * p)。

就本质上而言,由于传递的都是数组名(即地址),所以上述三种形参说明方法都是一致的:都只是接受地址而已。所以读者可大胆推论:形参定义中如果写错数组大小,编译器不会发出任何警告,因为编译器根本就不检查形参数组大小。

19. 结构体

结构体类型的变量可以拥有不同数据类型的成员,是不同数据类型成员的集合。

将结构体传递给函数,同一般的变量传递一样,都是值传递。结构体比较大时,结构体变量的压栈将占用函数很大开销。实际应用中,多通过传递结构体地址来实现传递。

20. 指　针

指针是 C 语言的精华,不止一本书提出这样的论点了。指针是灵活、效率的代名词——指针精华所在;但精华往往要带来负面作用:指针难度大,错误难以查找。

有了指针技术,可以更有效地操作数组,描述更复杂的数据结构,更好地利用动态内存资源。

每个变量在内存会有固定的地址,这是由编译系统分配的。指针在 C 语言中等价于地址,存放指针(即地址)的变量就是指针变量。本书在不引起混淆时,也把指针变量称为指针。

定义指针变量后,指针变量的值是随机的,不能确定其具体的指向,应用时必须为其赋值,才有意义。在 C 语言中有两个关于指针的运算符:

& 运算符:取地址运算符,&m 即是变量 m 的地址。

* 运算符:指针运算符, * ptr 表示其所指向的变量。

指针变量赋初值:

```
shortint * ptr1, m;
long * ptr2, n;
ptr1 = &m;
ptr2 = &n;
* ptr1 = 3;          //本句效果等同于 m = 3
* ptr2 = 23;         //本句效果等同于 n = 23
```

运用指针来访问变量类似于汇编语言中的间接寻址。不过 C 语言要复杂些,由于变量的数据类型不同,它所占的内存单元数也不相同。

ARM 的指针是 32 位,DSP 的指针是 16 和 24 位,包括函数指针。

虽然所有指针大小都是相同的,但通过不同数据类型的指针会取得所需的内存空间,如:短整型变量的指针会访问 1 个字,上例中的 * ptr1 访问了内存 1 个字的空间;长整型变量的指针会访问 2 个字,上例中的 * ptr2 访问了内存 2 个字的空间。

21. 指针与数组

数组名就是数组在内存的首地址,向函数传递数组名时,就是传递数组的首地址,而不是传递数组的所有元素。

指针变量赋数组首地址的两种等价形式:

```
int a[10] , * ptr;
```

```
ptr = a;或 ptr = &a[0];
```

a 是数组的首地址,&a[0]是数组元素 a[0]的地址,由于元素 a[0]的地址就是数组的首地址,所以两条赋值操作效果相同。熟练的程序员多使用前一种形式。千万不要错误地使用如下形式:

```
ptr = &a;              //错误。a 就是首地址,对地址再取地址,错误。
```

访问数组元素的三种等价方法:

*(ptr + n)或 *(a + n)或 a[n]。

实际上 a[n]可看作 *(a + n)的简化形式。

通过指针访问数组会更有效率。

例4:

```
int a[10] , * ptr, i;
ptr = a;
for (i = 0;i<10;i + +)
{
    * (ptr + i) = 3;        //等效 a[i] = 3;
}
```

由于语句" *(ptr + i) = 3;"等效"a[i] = 3;",所以并不能带来更高的效率。重新改写上述循环为:

```
for (i = 0;i<10;i + +)
{
    * ptr = 3;
    ptr + + ;
}
```

由于 ptr++操作对应的汇编指令往往要比 ptr + i 快,故能提高效率。为了方便编译器优化,合并循环体内的两项,进一步改写上述循环:

```
for (i = 0;i<10;i + +)
{
    * ptr + + = 3;
}
```

当只用一个表达式完成赋值和地址自增两项功能(如语句" * ptr++ = 3;")时,编译器可以寻找更加优化的复合汇编指令,从而使代码更有效率。随之带来的缺陷是:C语句也就不那么直观了。

小思考：想一想例 4 有没有更加优化的方法？

例 5：

```
int a[10] , * ptr, i;
int  * p_end;
ptr = a;
p_end = ptr + 10;
while (ptr<p_end)
{
     * ptr + + = 3;
}
```

连变量 i 的自增操作都省略了，C 语句更有效率的同时也更不直观了。不直观带来的问题是维护困难，一条复杂的语句耦合几项功能，与简单即是美的观点相冲突。效率和直（美）观相冲突，读者需要辩证取舍。

22. typedef

C 语言强大的甚至可以重新定义一套符号，来代替 C 语言的原始符号。

例如，ARM 和 DSP 公司，为增强移植性，提供的代码喜欢用如下类型定义：

```
typedef   signed long   int32_t;
```

以下两句等同：

```
int32_t          a;
signed long      a;
```

这在业内有点小争议，如果老用自定义的一套符号，还是 C 语言么？

但为了增强移植性，可以考虑这种编程风格。

但不建议采用芯片厂家提供的类型定义，否则代码不能在不同厂家间移植。

23. 函数指针变量

函数名就是该函数所占内存区的首地址。用来存放函数地址的变量，称为函数指针变量。通过指针变量就可以找到并调用该函数。

函数指针变量定义的一般形式为：

类型说明符（ * 指针变量名）（参数类型列表）；

切勿漏掉（ * 指针变量名）两边的括号。否则根据运算符结合性，指针变量将先与括号结合，再与 * 号结合，这样就变成了返回值是指针类型的函数声明了。

定义函数指针变量的简单步骤：把普通函数的定义中的"函数名"，用"（ * 指针变量名）"来代替，并去掉参数名（事实上编译器不检查参数名，只检查参数类型），最后再加上分号。

例如函数定义形式是：

```
int max(int a, int b)
```

则定义指向此函数的函数指针变量步骤是：先把函数名"max"，用（＊pmax）来代替，再去掉参数 a，b。完整的定义如下：

```
int( * pmax)(int , int);
```

函数指针赋值，即把被调函数的入口地址（函数名）赋予该函数指针变量，函数指针＝函数名：

```
pmax = max;
```

函数指针的原始引用形式跟普通指针一样，都要加 ＊ 号：

```
z = ( * pmax)(x, y);
```

大家可以看到引用形式上有些啰嗦，于是标准 C 又规定了第二种简化的引用方式：

```
z = pmax(x, y);
```

函数指针两边去掉括号，去掉 ＊ 号，感觉上像调用普通函数。

下面通过例 6 来说明用函数指针的定义及调用方法。

例 6：

```
main()
{
    int max(int a, int b);              //声明函数
    int( * pmax)(int , int);            //定义函数指针变量
    int x = 1, y = 2, z;
    pmax = max;                         //赋值函数指针变量
    z = pmax(x,y);                      //等价于 z = ( * pmax)(x,y);
                                        //也等价于直接调用原函数 z = max(x,y);
}
int max(int a, int b)
{
    if(a>b)
        return a;
    else
        return b;
}
```

总结一下，通过函数指针变量调用函数的三条步骤如下：

（1）先定义函数指针变量；

（2）把被调函数的入口地址（函数名）赋予该函数指针变量；

（3）用函数指针变量形式调用函数。

使用函数指针变量还应注意以下两点：

函数指针变量不能进行算术运算，这是与指向数组的指针变量不同的。数组指针变量加减一个整数可使指针移动，从而指向后面或前面的数组元素，而函数指针的移动是毫无意义的。

如果函数指针变量定义时没有参数类型列表，添加 void，即：

类型说明符（＊指针变量名)(void)；

大学里的 C 语言教材上是这样定义函数指针变量：

类型说明符（＊指针变量名)()；

这样的定义完全可以通过编译器，但却是不安全的。编译器将不会检查参数类型，甚至不检查参数个数。

例 7：

```
main()
{
    int max( int a, int b);         //声明函数
    int( * pmax)();                 //定义函数指针变量
    int x = 1, y = 2, z;
    pmax = max;                     //赋值函数指针变量
    z = pmax(x,y);                  //调用函数,此时是正确的
    z = pmax(x, 3.25);              //不正确,但编译器不会发出任何警告
    z = pmax(x, y, 3);              //不正确,但编译器不会发出任何警告
}
```

读者可以看出：C 语言在类型检查上不是非常严谨。人们逐渐意识到这点，今天的编译器在类型检查上加强了许多。

捎带提一下容易与函数指针变量混淆的：返回值为指针类型的函数。有的书上称为指针型函数。其实只需要简单地把它看成——如同返回值是 int、float 类型的普通函数——返回值是指针类型的普通函数而已。

例 8：

返回值为指针类型的函数。

```
int *  func(int x,int y)
{
    int * p
```

```
......
    return p;
}
```

24. 预处理命令

虽然严格说来,预处理命令算是编译指令,而不是 C 语言一部分,更不是 C 语句,但显然 C 语言编程已经离不开预处理。

预处理命令的显著标志是以"#"打头,由于不是 C 语句,所以不以分号为结束标志。初学 C 语言者常犯的错误是在#define 等预处理命令后误写了分号。

标准 C 规定,预处理命令是以"#"开头,直至行尾回车换行结束。严格来讲,所有的预处理命令以"#"开头时,前面不应该有空格。实际上绝大部分编译器都放宽了条件:允许"#"前面有空格。这也算是兼容性的特征。

常用的 C 语言预处理命令有:# include、# define、# ifndef、# ifdef、# if、# else、# elif、# endif。

#define:宏定义,分为不带参数的宏和带参数的宏。

```
#define 标识符 字符串
#define 宏名(参数表) 字符串
```

在标识符和字符串之间可以有任意空格。

大多数情况下,C 语言程序使用大写字母定义标识符和宏名,这种约定可使程序员读程序时很快发现哪里有宏替换。

需要注意的是:宏本义是能带来使用方便和高效率。但宏替换只是简单的字符代换,宏本身不做任何运算! 也因此使用宏会有潜在的危险性和可能缺乏效率。

下面分别以不带参数的宏和带参数的宏举例:

25. 不带参数的宏

```
#define  N  2+1
int a;
a = N * 2;
```

当编译该程序时,由于 N 被宏展开,最后一句变成了:

```
a = 2 + 1 * 2;
```

本来预计好的 a＝(2+1) * 2＝6,现在意外地变成了 a＝2+1 * 2＝4。

26. 带参数的宏

```
#define  MIN(x,y)  (x<y) ? x:y
```

```
int a = 4, b = 3,c;
c = MIN(a , b) + a;
```

当编译该程序时,最后一句展开宏成:

```
c = a<b ? a:b + a;
```

由于?:运算符的优先级低于+号,所以上式实际变成了

```
c = (a<b)? a:(b + a);
```

又背离了初衷。

上述两例的正确定义是:

```
#define  N  (2 + 1)
#define  MIN(x,y)  ( ((x)<(y)) ? (x):(y) )
```

即便如此正确定义,类似 MIN(a+b,　b+c)这样的宏展开语句也是缺乏效率的。

防止使用宏带来的缺陷,谨记两点:

使用完整的括号。

使用带参数的宏时应尽量使用简单的表达式。使用复杂的表达式既容易引起潜在错误,又可能缺乏效率。

相对于真实的函数,宏替换加快了代码的速度,不存在函数调用的开销。随之带来的副作用是:由于重复展开而增加了程序长度,且有时会引起潜在的错误和低效率。

为了保持 C 语言带参数宏的优点——不存在函数调用开销,去除缺点——不安全性与复杂表达式带来的缺乏效率。C++和 C99 使用了在函数前添加关键词 inline 的方法。inline 相当于编译指示器,它告诉编译器:此处的函数尽可能地不使用函数调用开销,直接代码内联到调用程序中,类似于把函数当成带参数的宏,但去除了缺点:不安全性与复杂的表达式带来的缺乏效率性。但本质上 inline 只是相当于告诉编译器尽可能快的处理,编译器完全可以忽略 inline,不做任何快速处理。ARM 和 DSP 的 C 语言也添加了 inline 关键词,但编译器不做保证一定内联代码。

条件编译可对程序源代码的各部分有选择地进行编译。商业软件公司广泛应用条件编译来提供和维护程序的多个版本,还可以用条件编译提供一种增量式编译选择。常用的条件编译命令有:#ifndef,#ifdef,#if,#else,#elif,#endif。

#ifndef 最常用的用法是防止重复包含某个头文件,定义格式如下:

```
#ifndef  __文件名_文件后缀__
#define  __文件名_文件后缀__
```

```
……
……      //用户代码
#endif
```

小思考：本节提到，大多数情况下，C语言程序使用大写字母定义宏，是否有少数相反情况呢？

有些情况下，为了跟函数使用形式一样（都是小写），而不必让用户知道是宏定义等原因，宏定义使用小写字母。C语言库函数中有些函数就是由宏定义实现，名称却是小写的。用户对库函数的要求就是速度快，而不关心（也不必关心）这些函数的具体实现形式。

5.4　C语言扩展

在标准C中，保留了很多扩展特性给了编译器厂商，比如int值的大小。甚至有些厂家的编译器在局部细节则违背标准C。以下举其要点加以介绍。

1. 数据类型大小

表5.2列出了各种数据类型的大小。

2. DSP中没有显式初始化的处理

上节讲解函数时已经提及"当全局或静态变量没有显式初始化时，标准C规定变量值初始化为0，ARM遵守此规定。但从效率出发，DSP的C语言规定：没有显式初始化的，仍保持未初始化状态。"

这里从汇编的角度给出解释，上述看不太懂也不用纠结，看懂后面的二进制配置文件章节自然就明白了：

全局或静态变量存放在段.bss中，需要显式初始化的值存放在段.cinit中，DSP上电时，系统初始化函数会自动调用段.cinit的值来初始化段.bss。如果没有显式定义初始化值的，则不初始化，这样减少了存储空间和初始化运行时间。

用户在定义全局（或静态）数组或结构体时，当初始化表中值的个数小于数组或结构体大小时，要小心注意以上这点。

```
static int a[4] = {2,3,4};
a[0] == 2,  a[1] == 2,  a[2] == 2,  a[3] == 未知
```

如果用户希望像标准C规定的那样：当全局或静态变量没有显式初始化时，变量值初始化为0，则可以通过CMD文件中的关键字fill(或FILL)来定义。

```
SECTIONS
{
```

```
……
.bss:fill = 0x00;
……
}
```

语句".bss:fill＝0x00;"令 DSP 上电时,系统初始化函数将段.bss 中所有未初始化空间的赋值为 0。这也使得生成的代码增大(段.bss 中一些没有用的空间——因为对齐而造成的洞 hole——也会被初始化为 0),且初始化运行时间加长。

事实上用户可以设定:当全局或静态变量没有显式初始化时,变量值初始化为任意值。比如".bss:fill＝0x30"。

推荐用户也从效率出发,需要初始化的显式初始化,否则保持未初始化状态。这样用户编写的代码移植入他人 DSP 中时,不会因为没有语句".bss:fill＝0x00;"而运行出错。

3. 有符号数的右移

C 标准并没有规定有符号数的右移是算数右移还是逻辑右移。

ARM(Keil)和 DSP 的 C 语言编译器规定有符号数的右移等价于算术右移,即右移时符号位会进行扩展。这样算术右移 1 位等价于除以 2,事实上 C 语言编译器确实用快速右移 1 位来代替除以 2 的整数运算。

4. 除法和取余:

无符号整数除法和取余运算时,标准 C 作了明确规定:

$$10/3 == 3, 10\%3 == 1$$

但对有符号整数做运算时,却有可能有不同的实现形式,比如:

$$-10\%3 == -1 \quad 或 \quad -10\%3 == 1$$

一般编译器采取的实现方式为前者,ARM(Keil)和 DSP 的 C 编译器亦如此,即:

$$10/-3 == -3 \ , -10/3 == -3$$
$$10\% -3 == 1 \ , -10\% 3 == -1$$

以上实现方式的出发点是,保证无(有)符号整数的除法和取余运算满足以下等式成立:

$$(x/y) * y + (x\%y) = x$$

用户对此可不必深究。由于除法和取余运算的开销比较大,请读者谨慎使用。

5. 浮点数转换到整数

浮点数转换到整数时,采用朝零(toward zero)截止方式,简单地说,就是直接去除小数部分。比如:

```
int   a,   b;
a = 1.3;
b = - 1.3;
```

则变量 a 的值是 1,变量 b 的值是－1。

6. 多字符常量

标准 C 规定:字符是用单引号括起来,其本质是代表一个整数 int,比如

$$char c = 'r';$$

标准 C 允许单引号括起来多个字符,但没有指出明确意义。

ARM(Keil)采用最后四个字符有效的规定:

$$'abcde' = = 'bcde'$$

TI 采用最后一个字符有效的规定:

$$'abcde' = = 'e'$$

编程时,当然不提倡写成'abcde'这种格式,但如果误写了,编译器并不提示出错,而是按照上述方式来解释。为避免用户碰到时疑惑,此处也列出供参考。

7. 预处理保留字 ♯pragma

♯pragma 是标准 C 保留的预处理命令,用法视各个编译器厂家而定。也就是说,为了增强 C 语言的灵活性,厂商可以通过 ♯pragma 扩展标准 C 不具有的一些功能。

♯pragma 通常是跟编译选项有关。

TI 和 Keil 规定 ♯pragma 可用于自定义段,在讲述第八章时予以详细说明。

Keil 把 ♯pragma 扩展到了更多运用,比如字节的对齐、仅编译一次等。原则上慎用这种自定义的东西,用得越多可移植性越差,任何一款单片机都有生命周期,代码迟早会有移植问题。

8. inline

inline 是 C99 和 C++才有的关键词,并不是 C89 才有,但 ARM(Keil)和 DSP 的 C 语言编译器都广泛支持该关键词。

inline 为函数内联关键字,参看前面一节中关于预处理的说明。如果函数比较小,函数体内只有局部变量、输入参数和返回类型不是结构体等,关键字 inline 才有效。

例 10:

```
static inline int f(int a)
{
    return a + 1;
```

```
}
```

加入 static 表示该函数是静态的,不是全局的,有利于编译器把函数内联。
至于编译器是不是内联函数,还要开启一定的优化选项。

9. 16 位数相乘

使用 C 语言比较难的境界莫过于,通过 C 语言表达式的某种形式启用某条汇编指令。DSP 的 C 语言手册规定:16 位数相乘,如果只想获取乘积结果的高 16 位,可通过把乘积结果右移 16 位来获得。

例 11:

```
int m1, m2, result1;
unsigned m3, m4, result3;
result1 = ((long) m1 * m2)>>16;
        //或 result1 = ((long) m1 * (long) m2)>>16;
result3 = ((unsigned long) m3 * m4)>>16;
        //或 result3 = ((unsigned long) m3 * (unsigned long) m4)>>16;
```

虽然变量 m_x 和 m_{x+1} 被强制转化为 32 位数来做乘法,但编译器并不会调用 32 位的乘法函数,而是调用 16 位乘法函数。从汇编的角度比较好理解:DSP 有一个 16×16 位的乘法器,C 编译器将上述代码编译成 16 位乘法指令,并直接保存 32 位乘积结果的高 16 位。

比如,Q16 格式数相乘时会用到这种形式:设变量 m1 和 m2 都是 Q16 格式,获取乘积结果高 16 位后,变量 result1 仍是 Q16 格式。

切忌不要写成以下这种形式:

```
result1 = (m1 * m2)>>16;          //错误
```

16 位的变量 m1 和 m2 相乘,结果是取乘积的低 16 位! 再右移 16 位后,变量 result1 永远等于 0。

10. 关键字 register

以关键字 register 声明的变量是寄存器变量。一般而言,编译器会分配一些相应的内部的寄存器,使得访问这些变量速度增快。标准 C 不保证寄存器变量一定会分配到寄存器,理论上来说编译器可以忽略关键字 register。

C 编译器采用的原则是尽量分配寄存器给变量,但 CPU 内部寄存器毕竟有限,多余的寄存器变量声明将被忽略。

ARM(Keil)更进一步扩展了关键词 register,通过配合关键词 __asm,程序员可以访问 ARM 的寄存器。

例如：

```
register int Reg0 __asm("r0");
```

该句定义了变量 Reg0,可直接用来访问 ARM 内核寄存器 r0。

11. 中断函数、__irq 和 Interrupt

中断发生时,需要保存中断现场的一些内核寄存器,以便退出中断后能正常运行。

中断函数必须没有输入参数,也没有返回值。由于中断是硬件级别的实时反应,是无法完成输入和返回功能的,只能通过全局变量在中断函数跟主程序间通信。

进入中断函数后,默认是关中断状态。如果用户希望实现中断嵌套,则应在中断函数里重新开中断。

中断函数与普通函数的差别:

普通函数的压栈只保护部分内核寄存器,这些需要保护的寄存器是 C 编译器规定的。

中断函数压栈保护所有内核寄存器。

(1) Cortex - M 系列 ARM

中断函数和普通函数的形式上没有区别,不需要使用关键字来声明。

```
void funcname (void)
{
    //用户自己的中断代码
}
```

对于 Cortex - M 系列 ARM 芯片,中断发生时,内核在调用中断函数前,在硬件层面自动保存内核寄存器。

(2) 早期的 ARM 芯片

对于早期的 ARM 芯片(比如 ARM7),必须采用关键字__irq 来声明某函数为中断函数,由软件来自动保存内核寄存器。

```
void funcname (void) __irq
{
    //用户自己的中断代码
}
```

(3) DSP 芯片

DSP 中新增关键字 interrupt 用来声明某函数为中断函数,由软件来自动保存内核寄存器。

在 DSP 中,interrupt 的位置既可以用在返回类型 void 前,也可以用在返回类型

void 后,以下都是对的。

例 12:

```
interrupt void pwm_int2(void)
{
    //用户自己的中断代码
}
//或
void interrupt pwm_int2(void)
{
    //用户自己的中断代码
}
```

TI 还保留了 10 个中断函数符号:_c_int0～_c_int9,以下也为定义中断函数的一种形式。

例 13:

```
void c_int2(void)      //也是中断函数
{
    ……
}
```

但不推荐用户使用这些保留符号,鼓励用户采用有意义的名称,并显式使用关键字 interrupt 来声明中断函数。

12. asm

asm 用来在 C 语句里嵌入单条汇编。

DSP 格式:

```
asm("空格 语句");
asm("  CLRC  INTM");
```

ARM 格式:

```
__asm ("语句");
__asm ("WFI\n");
```

13. 如何扩展关键词的举例

32 位的 DSP 和 ARM 没有 IO 空间,某些老款 16 位的 DSP 有单独的 IO 空间。

除了调用函数外,标准 C 没有能处理 IO 空间数据的算术符和语句。为了方便处理 IO 空间数据,可以规定关键字 ioport。

虽然这个关键字已经没有用,这里我们给学习者展示下芯片厂家如何拓展 C 语言,从而处理一些特殊硬件。

举例 ioport 用法:

ioport 数据类型 port 数字

port 数字代表需要访问的 IO 空间数据的十六进制地址。

例 14:

```
ioport unsigned port20;          //定义一个 IO 空间地址 0x20 的变量 port20。
                                 //注意是十六进制的 0x20,不是 10 进制的 20。
void f (void)
{
    unsigned a, b;
    port20 = a;                  //写变量 a 的内容到 IO 空间地址 0x20 处
    b = port20;                  //读 IO 空间地址 0x20 处到变量 b
    ...
}
```

port 变量可以像普通变量那样使用:

```
func(port20);                    //向函数 func 传递参数
a = port10 + b;                  //用在表达式中
```

5.5　硬件外设寄存器的位域、联合体、结构体

本节用来展示 C 语言访问底层硬件的功能强大。

TI 公司针对 DSP 硬件外设寄存器,综合运用位域、联合体、结构体,来方便用户读取。

优点是:方便灵活,既可以针对一个寄存器整体操作,又可以针对寄存器的某位来操作。

TI 公司已经编写完所有硬件外设寄存器,本节以 SCI 外设为例,讲解如何综合运用位域、联合体、结构体:

(1) 位域、联合体、结构体定义。

```
struct  SCICCR_BITS {                      //表明当前位域占几位
    unsigned intSCICHAR:3;                 //2:0 Character length control
    unsigned intADDRIDLE_MODE:1;           //3 ADDR/IDLE Mode control
    unsigned intLOOPBKENA:1;               //4 Loop Back enable
    unsigned intPARITYENA:1;               //5 Parity enable
    unsigned intPARITY:1;                  //6 Even or Odd Parity
    unsigned intSTOPBITS:1;                //7 Number of Stop Bits
    unsigned intrsvd1:8;                   //15:8 reserved
```

```
};
union  SCICCR_REG {
    unsigned int          all;            //对应寄存器
    struct  SCICCR_BITS    bit;            //对应寄存器的位域
};
struct  SCI_REGS {
    union  SCICCR_REG         SCICCR;        //通信控制字
    ……                                      //SCI 的其他寄存器
        //SCI 外设的寄存器在结构体中按实际的地址由低向高依次列出。
};
```

(2) 定义结构体变量,分配到一个自定义数据段中。

```
volatile  struct  SCI_REGS  SciaRegs;        //定义寄存器变量
#pragma  DATA_SECTION(SciaRegs,"SciaRegsFile");
            //SciaRegs 变量分配到 SciaRegsFile 段
```

(3) 通过 CMD 文件(后续章节会详述 CMD),将自定义数据段分配到寄存器实际对应地址。

```
MEMORY
{
    PAGE 1:
    SCIA:origin = 0x007050, length = 0x000010        / * SCI – A registers * /
}
SECTIONS
{
    SciaRegsFile:>SCIA, PAGE = 1
}
```

(4) 实际应用举例。

```
SciaRegs.SCICCR.all = 0x1100;          //对串口 A 的 SCICCR 寄存器,整体赋值
SciaRegs.SCICCR.bit.SCICHAR = 2;       //对串口 A 的 SCICCR 寄存器,位操作
```

小结:

在纯 C 语言编程的模式下,TI 公司综合运用位域、联合体、结构体,来设置硬件外设寄存器,已经达到了纯代码方式方便用户的极限:

➢ 既能整体设置又能针对位操作;

➢ 即好理解又方便检查调试。

进一步的改进方向是,通过混合图形编程模式设置硬件外设寄存器。

5.6　习　题

（1）C 语言中用 goto 语句合理吗？

（2）标准 C 中 int 是多少位？DSP 和 ARM 的中 int 是多少位？

（3）请描述一下关键字 volatile 的作用？

（4）if (a==b & 0xff)这么书写有问题么？

（5）#include "stdio. h"与 #include＜stdio. h＞有什么区别？

（6）扩宽下知识面，Keil 支持 GNU C 语言，GNU C 稍微扩展了标准 C，比如新增关键字 attribute，是否采用 attribute 才能无条件地使 inline 函数变成内联函数？

（7）拓展下发散思维，你如何认识或评价 C 语言的优缺点？ 如果你是委员会成员，你会具体改进哪几点？

第**6**章

可重入性

被誉为 C 语言圣经的"K&R C"作者 Kernighan 说过："C 易学,却随着经验的增长而经久耐用。"

6.1 可重入性概念

按照 POSIX. 1 标准(IEEE 为 UNIX 制定的操作系统接口标准,也是 ISO 标准),可重入性函数定义为："当被两个以上线程调用时,函数的结果仍能保证正确,就好像是一个线程调用函数完毕再启动另一个线程,当然实际上是插入式(inter-leave)调用的。"

简单地说,线程等价于实时多任务操作系统的一个任务。在一个抢先式内核的操作系统中,一个正在执行的低优先级的线程,可以被高优先级的线程打断。

上述一切类似于硬件中断,当开中断后:正在执行的主程序,可以被中断程序打断;低优先级的中断,可以被高优先级的中断打断。

所以即便在没有操作系统的环境中编程,一样要考虑可重入性。

首先来看一个不可重入性函数的例子。

例 1:

假定用 swap()函数来交换两个变量值,其中要用到中间变量 tmp,这里把 tmp 定义为全局变量。

```
int tmp;
void swap(int * x,  int * y)
{
    tmp = * x;
    * x = * y;
    * y = tmp;
}
```

假设主程序和一个中断程序都调用到 swap()函数,主程序的 swap()函数有可能得不到正确结果,如图 6.1 所示。

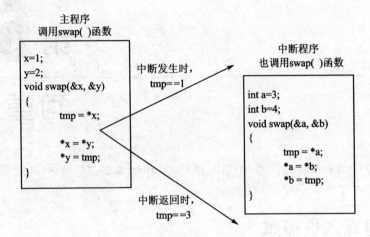

图 6.1　不可重入性函数的示意

我们称 swap()是不可重入性函数。

6.2　保障可重入性的几种技术

可重入性是函数很珍贵的一个特性,影响到程序的安全性,而在有些嵌入式应用中,对安全性有非常苛刻的要求。

虽然对例 1 很好做出判断,但遗憾的是,判断函数可重入性并不总是一件很容易的事。

为保障一个函数具有可重入性,下面详细讨论一些可供使用的技术。简单起见,以下用全局变量来代指全局变量和静态变量。

1. 只使用局部变量,不使用全局变量

例 2:

比如改造上述例 1 为:

```
void swap(int * x,  int * y)
{
    int tmp;
    tmp = * x;
    * x = * y;
    * y = tmp;
}
```

函数如果只使用局部变量,则函数一定具有可重入性。但函数不可避免要用到

全局变量或静态变量,比如在随机函数 random()中,必须用全局变量来存储状态信息(种子数),因此随机函数 random()是典型的不可重入性函数。

事实上,好些 C 语言库函数具有不可重入性,标准 POSIX.1c 为此专门做出修订。

2. 全局变量设定为只读类型(可加关键词 const)

由于不进行写操作,则程序仍具有可重入性。

例 3:

对称三相电源之间的相角偏移量是固定的 $\frac{2}{3}\pi$,设用符号 pi 代表 π,角度变量 alpha,以下用伪 C 语句示意三相电压。

```
void func(void)
{
    ua = sin(alpha);
    ……                          //处理语句
    ub = sin(alpha + 2 * pi/3);
    ……                          //处理语句
    uc = sin(alpha - 2 * pi/3);
    ……                          //处理语句
}
```

很多时候,上述的处理语句是一致的,为避免代码重复,最好能进行统一处理。此时可以通过定义全局数组变量 phase[]来实现。

例 4:

```
void func2(void)
{
    const static phase[3] = [0, 2 * pi/3, - 2 * pi/3]
    fir (i = 0;i<3;i + +)
    {
        u[i] = sin(alpha + phase[i]);
        ……                          //处理语句
    }
}
```

全局数组变量 phase[]属于只读类型的,不能进行写操作,所以 func2()具有可重入性。

3. 将函数和全局变量封装在一起

即封装成一个对象(即 C++中的对象概念),且函数只能够访问此对象内的成员变量,则函数可能具有可重入性。

　　此时把函数和全局变量就称为对象的成员函数和成员变量(当然成员变量未必一定是全局或静态的)。

　　斐波纳契(Fibonacci)数列是一个整数数列,其中每数等于前面两数之和,其起始两数为 1:

$F_1 = 1$ 　　　　　　　　　　　　　(n=0)

$F_2 = 1$ 　　　　　　　　　　　　　(n=1)

$F_n = F_{n-1} + F_{n-2}$ 　　　　　　　　　(n≥2)

假设通过每次调用函数,得到斐波纳契数列的下一个值(这里不考虑溢出)。

例 5:

斐波纳契数列的函数实现——不具有可重入性。

```
unsigned f1 = 1, f2 = 1;
unsigned calc_fibo(void)
{
    unsigned f3;
    f3 = p->f1 + p->f2;
    p->f1 = p->f2;
    p->f2 = f3;
    return f3;
}
```

例 6:

斐波纳契数列的面向对象实现(C++形式)——具有可重入性。

```
struct FIBO
{
    unsigned f1, f2;
    unsigned calc(void);
}
void ~FIBO (void)
{
    f1 = 1;
    f2 = 1;
}
unsigned FIBO::calc(void)
{
    unsigned f3;
    f3 = f1 + f2;
    f1 = f2;
```

```
        f2 = f3;
        return f3;
    }
```

此处，函数只对成员变量操作，函数具有可重入性。如果读者不是很明白 C++，可暂时先放下，后续章节将会讲解些简单的 C++。下面用 C 语言形式实现等价的面向对象。

例 7：

斐波纳契数列的面向对象实现（C 语言形式）——具有可重入性。

```
typedef struct {
                    unsigned ( * calc)(void * );
                    unsigned f1, f2;
} FIBO;
#define   FIBO_DEFAULTS  {                            \
                    (unsigned ( * )(void * )) fibo_calc, \
                             1,1                     \
}
unsigned fibo_calc(FIBO *   p)
{
    unsigned f3;
    f3 = p->f1 + p->f2;
    p->f1 = p->f2;
    p->f2 = f3;
    return f3;
}
```

此时函数"unsigned fibo_calc(FIBO *   p)"具有可重入性。下面给出一个 C 语言形式的面向对象实现的应用示例，用来说明即便包含 f1 和 f2 的结构体 sam、sam2 为全局变量，函数 fibo_calc()仍具有可重入性。

例 8：

C 语言形式面向对象实现的应用示例。

```
FIBO sam = FIBO_DEFAULTS;              //全局变量 sam
void main(void)                        //主程序中应用到斐波纳契数列
{
    unsigned  a;
    ……                                 //开中断
    a = fibo. calc (&sam);
    ……
}
FIBO sam2 = FIBO_DEFAULTS;             //全局变量 sam2
```

```
void interrupt2(void)                    //假设 interrupt2 是中断函数
                                         //中断函数中也应用到斐波纳契数列
{
    unsigned  a;
    a = fibo. calc (&sam2);
    ……
}
```

以后，当谈论起面向对象语言好处时，其中一条就是在某些条件下能提高函数的可重入性。

4. 屏蔽中断

当函数访问到全局变量，为保证可重入性，一个可采取的手段是：在变量修改前禁止中断，修改完后再开中断的方法。

例 9：

通过 C28x 中的寄存器状态位 INTM，可十分方便地可开通或禁止所有可屏蔽中断。

```
void func(void)
{
    asm(" CLRC  INTM");              //关中断
    a = 5;                          //修改全局变量等代码。称为关键代码区。
    ……
    asm(" SETC  INTM");             //开中断
}
```

上述代码的弊端是，关键代码区语句太多时，有时忘记开中断。

一个改进的方式是采用更简洁的宏定义。

```
#define  SECURE(sentence){                      \
         asm(" CLRC  INTM");                     \
         sentence                                \
         asm(" SETC  INTM");                     \
         }
void func(void)
{
    SECURE(
        a = 5;                          //修改全局变量等代码。称为关键代码区。
        ……
        )
}
```

ARM 中关中断汇编指令是 cpsid i，开中断汇编指令是 cpsie i，Keil 编译器已经封装成 C 语言函数形式：__disable_irq( )和__enable_irq( )。

改造上述宏函数 SECURE( )如下：

```
#define   SECURE(sentence){              \
          __disable_irq();               \
          sentence                       \
          __enable_irq();                \
          }
```

用户可尝试用此方法来修改例 1,使之具有可重入性。

5. 全局变量只作为输出变量时,不要用作过程量(状态量)

函数只能返回一个值,当想要通过一个函数返回多个变量值时,可以采取的措施是直接在函数体内处理全局变量或传递全局变量的地址。

如果全局变量只作为输出变量时,尽量不要用作过程量(状态量)。

例 10：
函数 func 不具有可重入性。

```
unsigned va, vb, vc;
void func(void)
{
    unsigned i, j, k;
    ……
    va = i;   vb = j;   vc = k;     //va, vb, vc 在函数内被用作过程量(状态量)
    ……
    va = va/2;   vb = vb/2;   vc = vc/2;
}
```

输出变量 va、vb、vc 在函数内曾被用作过程量(状态量)——即,出现在等式左端两次,右端一次,则此函数也不具有可重入性,分析过程很简单,如同例 1。

例 10 讨论的是函数,面向对象编程中也会出现这种问题。

TI 提供的 SVPWM 算法,参考第 14 章,其函数的输出变量 va、vb、vc 就潜在的引入了上述不可重入性的问题,但其又采用面向对象的方法定义不同的输出变量,最终又避免了不可重入性。

解决上述不可重入性的方法是：将过程量(状态量)用局部变量代替即可,见例 11。

例 11：
函数 func 具有可重入性。

```
unsigned va, vb, vc;
```

ARM与DSP硬件特色和编程指南

```
void func(void)
{
    unsigned i, j, k;
    unsigned x, y, w;
    ......
    x = i;   y = j;   w = k;
    ......
    va = x/2;vb = y/2;vc = w/2;
}
```

6. 全局变量时,还要注意超过 CPU 位数的类型变量

接着上面多输出变量的讨论,如果全局输出变量只出现在等式左端一次,那么是否就一定具有可重入性了?

答案:否。在 32 位的 ARM 中,如果输出变量是 64 位类型(如 long 或 float),赋值操作会用两条指令——先赋值变量低 32 位再赋值变量高 32 位,当执行完赋值变量低 32 位后,恰巧此时发生中断并再次调用此函数,则函数也不会得到正确结果。

例 12:

函数 f 不具有可重入性。

```
long a, b;
void f(void)
{
    long long i, j;
    ......
    a = i;
    b = j;
}
```

简单的解决方法:赋值前禁止中断即可。

例 13:

通过禁止中断,函数 f 具有可重入性。

```
long a, b;
void f(void)
{
    long long i, j;
    ......
    __disable_irq();            //ARM 的关中断
    a = i;
    b = j;
    __enable_irq();             //ARM 的开中断
}
```

100

7. 设一个标志(或信号)量,用来禁止该函数正在使用时被再次调用

这是操作系统中通用的方法,可用来对一些排他性资源独享,比如不可重入性函数,用户通过判断标志量可知是否该资源已被占用。

如果编程不使用操作系统,使用前后台程序(主程序死循环 + 中断的程序架构),较少使用此方法(当然也是可以的)。

8. 自我修改代码

还有一种不可重入性的情况,当调用函数时,函数代码把自身修改或删除掉,此时函数当然不再具有可重入性。这种情况最成功的应用是在黑客程序中,在嵌入式编程里,讨论这种情况似乎没有多大的实用价值。

最后应当指出,函数不具有可重入性并不一定会出问题。如果函数只会被调用一次,或者虽然是多次调用但都在同一个任务中,函数仍可得到正确结果。

但用户平时编程时应该小心注意可重入性问题,否则,其程序可能在绝大部分时间都是正常的,但偶然会失效,这种偶然失效是非常难调试的,有时是没有规律的——此时几乎没有很好的办法来查找定位的。

6.3 习 题

(1) 什么叫函数的可重入性?

(2) 调试时怎么判别代码出现了不可重入性引发的问题?

(3) 你经常用关闭开启屏蔽中断的方法吗?用这个方法会带来什么附加影响?

(4) 作为例 12 的扩展,在 32 位的 ARM 中,能否精心构造出一个函数,即使赋值 32 位全局变量也不可重入?

第 **7** 章

适合微处理器的软件工程和面向对象编程

《C++软件工程》:"面向对象并没有什么新奇,也没有什么直接好处。但是使用对象的程序会避免以下两种危险的出现:将应该放在一起的部分分开和将应该分开的部分放在一起。"

为避免泛泛比较面向对象 C++和面向过程 C 的不同,本章将通过一个 C 语言例子逐步引入 C++的对象,在具体比较二者优缺点后,给出用 C 语言实现对象的步骤。

7.1　C++和 EC++的历史

1979 年,贝尔实验室的本贾尼(Bjarne Stroustrup)博士借鉴面向对象语言 simula67,进一步扩充 C 语言,使之成为一门面向对象的设计语言 C++。最初的C++也称为 C with Classes、New C 等。

C++对 C 语言做了些改进,使得 C 语言更加严谨,如:C++将不一致看作是错误。但更关键的是 C++在 C 语言基础上添加了面向对象(Object - Oriented)的设计元素。

C++增加了非常多的概念:抽象、对象、类、封装、继承、模板等等,大幅度增加了整个语言的复杂性。C++设计的目的之一是尽可能兼容已经广泛存在的 C。记得前面提到过的标准 C 兼容 K&R C 么? 兼容性也使得 C++不是十分纯粹的面向对象语言。

C++的 ISO/ANSI 标准化在 1998 年完成,其新标准也在不断进化中。

1996 年,由东芝、三菱、NEC 等公司牵头的日本工业界,针对复杂庞大的 C++做了简化,去掉了很多非常耗费时间的特性,瘦身的嵌入式 C++(Embedded C++,简称 EC++)问世。EC++是 C++去掉多重继承、异常、模板等特性后的一个纯 ISO/ANSI C++子集。EC++的名气并不是很大,且备受争议,比如,本贾尼先生就对其十分的不以为然。1998 年 EC++通过了 ISO 标准化。

ARM 和 DSP 支持 ISO/ANSI C＋＋的绝大部分(当然也包括 EC＋＋)。

无论 C＋＋还是 EC＋＋,其官方都不建议在 8 和 16 位微处理器上运行,对于 32 位微处理器可酌情考虑。

如果程序的实时性要求较高,考虑到效率,只建议使用 C＋＋里的面向对象这一特性。

如果对通用性和移植性要求高,则只能使用 C 语言,因为 C 语言标准非常通用,也可以利用 C 语言实现一定程度的面向对象编程。

7.2　软件工程 ABC

1. 结构化设计

19 世纪 60 年代,人们发现并且数学证明:任何复杂的算法都可通过三种基本结构来实现,这三种基本结构是:

顺序结构——对应 C 语言中顺序执行语句。

选择结构——对应 C 语言中的 if‐else 语句。

循环结构——对应 C 语言中的 while 语句和 do‐while 语句。

IBM 工程师还指出,上述所有的三种结构的共同特点是:只有一个入口、一个出口。

对应结构化设计,在传统流程图上,改进的 N‐S 流程图问世。虽然很多教科书提倡编程前要画流程图,但对上千行代码画好流程图也是件不小的工作量。想一想你上次画流程图是什么时候? 是在编程前还是之后? 实际的情况是:大多数程序员只是在程序中做注释,比较难些的算法和程序做文档说明。

维护流程图跟维护程序一样,都要耗费时间。跟教科书不同,我们只建议,最多在核心算法函数上编写传统流程图(不要 N‐S 流程图),在其他函数和程序上避免流程图,徒然增加程序员维护工作量。

在三种基本结构上派生出一些加强的结构,用来增强程序设计语言,如:C 语言里加强的 for 循环语句和 switch‐break 多选择语句。

结构化设计的二重意义表现在:

既有方法学意义上的指导作用——程序员应使程序尽量结构化,而不要随意使用 goto 语句。

又是数学意义上完备的——是可被数学证明的能实现任何复杂的算法。

而面向对象、模块化设计等都只是方法学意义上。

以上是结构化设计的狭义定义。人们后来在论述结构化设计时,除了程序应尽

ARM 与 DSP 硬件特色和编程指南

量结构化外,又添进去了自顶向下、自下而上、模块化等工程意义上的方法论。这些方法在使用面向对象编程时依旧有效。

2. 面向对象

C 语言中,常常把一个函数看作是一个模块。函数本质上是把一些代码和数据封装在一起的实体,封装的数据包括局部变量和静态局部变量。

对象是在更高层次上把代码和数据封装在一起的实体。封装的代码可以包括若干个函数,封装的数据类型更加丰富多样。因为对象提供了高层次上的一种抽象,通过继承等,又能实现更高层次的抽象,所以面向对象语言非常适合编写大程序。

相对面向对象等新语言,我们把传统的语言称为面向过程的。

对象的观念是如此流行和适用编写大规模程序。针对有些用户的机器只支持传统的面向过程语言(如 C 语言),而不支持面向对象编程语言(如 C++),90 年代初,有些技术专家提供了如何借助传统程序语言,来实现部分面向对象功能的一些方法。

一般认为面向对象编程的三大特征是:对象、继承、多态。在面向对象的基础上,又有些新的编程方法,比如模板设计、面向组件编程等。

本文只是针对对象、成员变量、成员函量(又叫方法)等做简单的讲解,不涉及继承、多态等等。本书讲述面向对象的出发点如下:

能用 C 语言实现的对象部分,而不是严格意义上的对象。

"使用对象的程序会避免以下两种危险的出现:将应该放在一起的部分分开和将应该分开的部分放在一起",摘自《C++软件工程》。

3. 模块化

模块是一个泛称,可以把一个函数、一个文件或一个对象等等都称为一个模块。

模块化程序设计中,模块化主要是用来表明这样一种状况:一个模块应该能完成一个独立的功能或一组相关的功能,模块对外的接口除了成员变量和成员函数外,不能有跨模块的全局或静态变量存在。

比如,函数常常被用来设计完成一个功能,函数对外的接口是函数的参数和返回值,如果此函数内没有用到其他函数引用到的全局或静态变量,就称此函数是模块化的。如果函数内部引用了全局变量,而此全局变量又被别的函数引用,这个函数就能称为非模块化的。

多子程序设计中,提高程序质量的一条标准就是模块化。模块化的优点是模块之间的接口清晰明白,易于检测;模块化的缺点是模块之间要传递大量的数据。但在大多数情况下,牺牲效率来换取程序模块化是值得的。

7.3　C++的对象

本节将通过一个 C 语言例子逐步引入 C++的对象。首先让来看看,对于结构体数据,用标准 C 风格怎么编出符合结构化设计的操作函数。

例 1:

输出学生学号。状态量 flag 决定函数 display 输出学生学号与否。状态量 flag 的初始化默认值是 1——不输出学生学号。程序用到三个文件。

stud. h 文件

```c
struct STUD                    //定义结构体 stud
{
    unsigned int flag;         //输出学生学号与否的状态量
    char name[20];             //学生名字
    unsigned int num;          //学生学号
};
```

stud. c 文件

```c
# include "stud.h"
void display(struct STUD * p)      //显示函数
{
    if (p->flag)
        printf("name:% s\n", p->name);
    else
        printf("name:% s num:% d\n", p->name, p->num);
}
```

main. c 主程序文件

```c
# include<string.h>
# include "stud.h"                 //包含结构体定义
void display(struct STUD * p);     //函数声明
void main(void)
{
    struct STUD   stud1 = {1};     //定义学生变量 stud1,并初始化状态量 flag
    strcpy(stud1.name, "moking");  //学生名字"moking"
    stud1.num = 1;                 //学生学号 1
    display(&stud1);
}
```

对结构体稍加变动,在结构体中加入函数声明(或函数),称之为类(class)。类定义的变量称为对象(Object)。

例 2：

用 C++的对象实现上例：

stud. h 文件

```
struct STUD
{
    unsigned int flag;
    char name[20];
    unsigned int num;
    STUD(void);                    //声明构造函数
    void display(void);
};
```

stud. c 文件

```
STUD::STUD(void)               //构造函数的定义
{
    flag = 1;
}
void STUD::display(void)       //显示函数
{
    if (flag)
        printf("name: % s\n", name);
    else
        printf("name: % s num: % d\n", name, num);
}
```

main. c 主程序文件

```
# include<string. h>
# include "stud. h"
void main(void)
{
    //定义学生变量 stud1 时,系统自动调用构造函数 stud()完成初始化
    STUD  stud1;
    strcpy(stud1.name, "moking");
    stud1. num = 1;
    stud1. display();
}
```

对例 2 的说明：

在 C＋＋中"struct 结构体名"的等价用法是省略"struct"而只有"结构体名",以下两句是等价的:

```
struct STUD stud1;              //在 C 语言中流行的用法
STUD stud1;                     //在 C＋＋中广为流行
```

引入一个新的作用域运算符"∷"。具体而言,"void STUD∷display(void)"的意思是成员函数 diplay 属于类 stud,别的类不能引用此函数。类中的函数称为成员函数,类中的变量称为成员变量,在成员函数里可自由访问成员变量。

类中声明的函数"stud()"在 C＋＋中被称为构造函数。构造函数与类同名,在创建对象时由系统自动调用,主要用来初始化对象。

引用对象的成员函数,就像引用对象的成员变量,形式基本一致:

对象.成员变量

对象.成员函数

现在读者应该明白:类是一种类型,对象是类的实例。

定义类时编译器并不会分配任何内存空间,定义对象时才分配相应的内存。这点相似于结构体与结构体变量的关系。

例 3:

再进一步,把例 2 主程序中对成员变量(学生姓名和学号)的赋值,用输入函数来实现,为此再添加一个成员函数 input。

stud. h 文件

```
struct STUD
{
    unsigned int flag;
    char name[20];
    unsigned int num;
    STUD(void);
    void display(void);
    void input(char * s, tmp);        //输入函数
};
```

stud. c 文件

```
STUD∷STUD(void)
{
    flag = 1;
}
void STUD∷display(void)
{
```

```
    if (flag)
        printf("name: % s\n", name);
    else
        printf("name: % s num: % d\n", name, num);
}
void STUD::input(char * s, tmp)                    //输入函数
{
    strcpy(name, s);
    num = tmp;
}
```

main. c 主程序文件

```
# include<string. h>
# include "stud. h"
void main(void)
{
    STUD   stud1;
    stud1.input("moking", 1);
    stud1.display();
}
```

　　C++程序员定义类时,习惯用新的关键字 class 来代替 struct。二者的区别是 struct 定义的成员变量和函数默认都是对外界可见的——也可以用关键字 public 来显式声明,而 class 定义的成员变量和函数默认都是对外界隐藏的——也可以用关键字 private 来显式声明。

　　所以例 3 声明类的等价形式是:

```
class STUD
{
public:
    unsigned int flag;
      char name[20];
    unsigned int num;
    STUD(void);
    void display(void);
    void input(char * s, tmp);
};
```

　　考虑到有了成员函数 display 和 input 后,类中的三个变量并没有被外界引用,安全起见可以对外隐藏,防止别人误引用:

```
class STUD                           //定义学生结构体 stud
```

```
{
private:
    unsigned int flag;            //输出学生学号与否的状态量
    char name[20];                //学生名字
    unsigned int num;             //学生学号
public:
    STUD(void);                   //构造函数,用来完成初始化
    void display(void);           //显示函数
    void input(char * s, tmp);    //输入函数
};
```

用上面 class 定义的类,来替换例 3 中 struct 定义的类,就成为规范的面向对象程序了。

例 4:

规范的面向对象程序。

stud. h 文件

```
class STUD                        //定义学生结构体 stud
{
private:
    unsigned int flag;            //输出学生学号与否的状态量
        char name[20];            //学生名字
    unsigned int num;             //学生学号
public:
    STUD(void);                   //构造函数,用来完成初始化
    void display(void);           //显示函数
    void input(char * s, tmp);    //输入函数
};
```

stud. c 文件

```
STUD::STUD(void)
{
    flag = 1;
}
void stud::display(void)
{
    if (flag)
        printf("name: % s\n", name);
    else
        printf("name: % s num: % d\n", name, num);
}
void STUD::input(char * s, tmp)    //输入函数
```

```
{
    strcpy(name, s);
    num = tmp;
}
```

main. c 主程序文件

```
#include<string.h>
#include "stud.h"
void main(void)
{
    STUD  stud1;
    stud1.input("moking", 1);
    stud1.display();
}
```

通过上述四个例子,逐步引入面向对象编程,下面介绍面向对象的一些概念。

1. 类和对象定义

```
class 类名
{
    private:
        私有的数据成员;
        私有的成员函数声明;
    public:
        公有的数据成员;
        公有的成员函数声明;
}
```

对象就是用类定义的变量。

2. 封　装

对象中,只有被声明为 public 的公有数据成员和成员函数才能被外界调用。

封装:外界只能通过调用公有的成员函数来实现特定的功能,来访问内部私有数据。

对于对象,尽可能把实现的细节隐藏起来,只留给外界一些接口,这就是面向对象中封装的意义。对调用者而言,对象犹如一个黑匣子。关键字 private 定义想要隐藏的细节,关键字 public 定义接口。

3. 接　口

大量的经验表明,通常维护、改动一个软件,函数名要比变量名稳定的多。

C++建议所有的接口使用公有的成员函数而不是公有的数据成员。这样所付出的代价是：即便简单的输入输出——可以通过变量赋值来实现的，也必须通过成员函数来完成，函数调用是有额外开销的。这是以降低效率来换取提高可维护性的一种策略，C++中还可通过在类的内部定义函数或用关键字 inline 实现内联，来减少函数开销。

由于嵌入式编程中资源要少得多，效率优先，微处理器中经常采用赋值语句来完成对象的输入输出功能，本书也部分采用了赋值语句。这也就是例 1、2 和例 3、4 实现输入功能的实质差别。

4. 方法和消息

成员函数又称为"方法"，外界调用成员函数而传递参数被称为发送"消息"。

客观世界都是由对象构成的，比如汽车、苹果等都是对象。整个程序可分解成多个对象，对象之间通过发送消息来激活方法。讲述 C++书籍中经常举的汽车为例：汽车有启动、换挡、刹车的方法，通过消息来激活这些方法。我们还可以"继承"汽车的方法到小汽车、卡车等。

是的，这些描述非常具有拟人化的色彩——汽车有方法，可以被激活，汽车可以继承等等。第一次接触到面向对象的人，几乎都会为这些方法学上的东西激动不已。

以上简单地介绍一些面向对象编程中的术语和方法，本书不准备深入讨论这些带点"哲学味"的概念。面向对象编程中还有关键字 protected、friend，还有十分关键的继承、多态概念等等，由于这些不是 C 语言能实现的东西，本书就不讲述了，有兴趣的读者请参考有关 C++教程。

摘录几位 C++大师的话来使读者视觉更开阔。

● 关于选择编程语言的重要性：

"是的（选择编程语言很重要），不过也不要希望会出现奇迹。有些人可能相信一种编程语言能够（或至少应该能够）解决他们系统构建中的大部分问题。所以他们不懈地寻找完美的编程语言，却一再失望。另一些人认为编程语言是不重要的"实现细节"，所以他们只在开发流程和设计方法上投资，而永远用 Cobol、C 或某些专属语言编程。"——C++之父 Stroustrup 博士。

● 关于面向对象和面向过程编程：

"对这点我还想指出，我认为纯粹性（指纯粹的面向对象语言，如 JAVA）并不是优点。C++的强项恰恰在于它支持多种有效的编程风格（多种的思维模型，如果你一定要这么说）以及他们之间的相互组合。最优雅、最有效也最容易维护的解决方案常常涉及不止一种的风格（编程模型）。如果一定要用吸引人的字眼，可以这么说，C++是一种多思维模型的语言。……那种认为一种语言对所有应用和每个程

111

序员都是最好的看法,本质上就是荒谬的。"——C++之父 Stroustrup 博士。

"我认识到,软件组件各自属于不同的类别。OOP 的狂热支持者认为一切都是对象。但我在 Ada 通用库的工作中认识到,这是不对的。"——C++的标准模板库 STL 的创始人 Stepanov。

重视面向对象方法,但不要迷信,不要因迷信而贬低函数式编程。有些情况下,函数是对事物更好描述的概念,且比对象更简洁,唔,你听说过非要把正弦函数编成正弦对象的 OOP 的狂热支持者么?

7.4　函数实现 VS 面向对象实现

对于同一个问题,例 1 是 C 语言的函数实现,而例 4 是 C++的面向对象实现。下面通过仔细地考察比较例 1 和例 4,来说明面向对象的特点和优势所在。

1. 相对于 C 语言,C++可以节省全局符号资源

全局符号必须保证唯一性,可把它看作是一种资源——程序员大多经历过为找一个中意且不冲突的名字而费心思索的情况。若干人协同编写的大型软件,要严格而小心地分配命名。有些厂家的规范甚至规定软件提供第三方必须在提供的模块名前加入厂商前缀,以防止名称冲突。

例 4 使用了 3 个"局部"函数,只有类名是全局符号的。而在 C 语言中,函数名全都是全局符号。再加上结构体名,这样例 1 总共有 4 个全局符号。相对于 C 语言,C++节省了全局符号资源。

2. 相对于函数,对象是更抽象的概念

请读者仔细思考:在 C 语言中,不论我们觉得"一个函数对应(或完成)一个功能"这个概念多么得心应手,函数其实也是个抽象概念。甚至数据类型 long,float 等都是抽象概念。

虽然很多 C++教程多用小汽车、苹果来做类比,以显示对象多么符合现实世界,但对象本质上是个抽象概念,不一定对应一个实物。对象在函数抽象的基础上,提供了一种更高程度的抽象。

3. 对象是更大的容器

例 4 的对象包含了 3 个函数,而例 1 的 3 个函数各自分开。

试想一个工程中,主程序中要调用 60 个函数,我们需要把这 60 个函数名都记住,才能很好地调用。对象是个更大的容器,它能把一些相关的函数捆绑、集成在一起。把这 60 个函数归属为不同的对象,在主程序中就能更好地协调数目较少的

对象。

这里用管理做个类比：试想一个公司只有总经理，下设 50 个负责具体事务的主管，总经理要负责管理每个主管的工作，任务够繁重的吧。一个好的解决方案是设有若干个部门经理，一个部门经理负责若干个主管，总经理只需要管理好部门经理即可。主管汇报的重要信息，要经过部门经理才能送达总经理，信息传达的速度是会慢一些，但通常认为是值得的。这里用主管来比喻函数，用部门经理来比喻对象。

相对于函数编程而言，面向对象编程有时会带来一点效率缺失，但提供了更加强大的能力来解决复杂问题。在这里，根据主管们的工作内容，合理地形成部门是关键，与此类似，合理地集成函数为对象是关键。

4. 以数据为中心——合理的模块

举一个实用的例子来说明如何合理地集成函数为对象。

假设在嵌入式系统编程中，要完成模拟量采样输入、模拟量保护、开关量输入和开关量保护，分别以四个函数来实现这四个功能。

如果要编写一个保护对象——集成模拟量保护函数和开关量保护函数；再编写一个输入对象——集成模拟量采样输入函数和开关量输入函数。则保护对象和输入对象并不是合理的对象，原因是保护对象中的两个保护函数处理的大量数据都来自于输入对象，大量数据往往要通过破坏模块化的全局变量（或全局指针变量）来传送。

模拟保护的数据来自于模拟采样输入，因此，合理的对象是把模拟采样输入和模拟保护归为一类——模拟量对象，起个英文名称比如 AD。

```
class AD
{
    定义共同的数据；
    sample();          //模拟量采样输入
    protect();         //模拟量保护
}
```

对象是个静态的"东西"，所以对象的名称尽量取为名词，比如上述的 AD 是模拟仪器 Analog Device 的意思。成员函数则多取动词，这与 C 语言中函数命名方式一致。

同理，开关量保护的数据来自于开关量采样输入，这两个函数可合理归开关量对象，这里不再赘述。

上述的模拟量对象和开关量对象是两个独立的模块，两个对象之间没有大量交换的数据。运用面向对象编程，把具有相同数据的功能函数集成在一起，从而形成一个完整独立的模块，这是以数据为中心的一种设计。

113

在 C 语言中,数据和函数的分离是一个理所应当的观念,一堆数据要被若干个函数处理。而在 C++中,以数据为中心,合理地形成对象,程序更加模块化。

从 C 程序员到 C++程序员转化,不仅仅是知道了对象、构造函数等概念,最需要注意的是思维观念的转变——面向对象与函数编程的最大不同是思维模式上不同。C 程序员习惯于以功能归类的方法,会出现保护对象、输入对象这些表示动作的对象,而这些不合理的对象很难形成独立的模块。而 C++程序员更习惯于以数据为中心的设计,从而形成一些非常模块化的对象。

5. C++提供了更多点滴的改进:如构造函数、关键词 private 等

构造函数保证了对象的自动初始化,防止程序员遗忘;关键词 private,有利于信息的隐藏,防止程序员误引用。且相对于函数,对象可在更广阔的范围里实现可重入性。

以上针对例 1 和例 4,比较说明了面向对象的特点和优势所在,其中还提到了面向对象编程有时会带来一点效率缺失。

7.5　用 C 语言实现对象

C 语言没有关键字 class,我们将通过 C 语言中的结构体来实现 C++中的类,以下在 C 语言中称呼的类都是结构体,请给予注意!

例 4 是 C++面向对象编程实现的,以下逐步演示如何用 C 语言实现例 4。

1. 直接用类名来定义对象

用关键字 typedef 来实现简化的类名:

```
typedef  struct STUD  STUD;
```

这样就可以直接用 C++风格的 STUD 定义对象,而不用 C 风格的 struct STUD 了,例如:

```
STUD stud1;
```

更简洁的实现方法是在定义结构体时直接用 typedef:

```
typedef struct                    //定义学生结构体 STUD
{
    ……
    char name[20];                //学生名字
    int num;                      //学生学号
} STUD;
STUD stud1;
```

2．通过 typedef 实现指针的简洁定义

以类名加后缀"_Handle"，表示指针：

```
typedef  STUD  *   STUD_Handle;
```

这样以下两种定义对象指针的形式是等价的：

```
STUD   * p;
STUD_Handle  p;
```

3．通过函数名前加前缀来近似实现::运算符

对于作用域运算符::，C 语言无相应的实现机制。对于 display 这些非常容易重名的函数名，可以通过小心地取名字，来避免可能的重名。

规定所有属于某个类的函数，函数名加前缀"类名_"，即

类名_函数名

这样，函数 display 就变成了 stud_display，其定义形式为：

```
void stud_display(STUD_Handle  p);
{
    ……
}
```

请注意函数名加前缀"类名_"跟作用域运算符::的差别：

作用域运算符::把 input 和 display 限制成局部符号，外界不可直接调用，只能通过"对象.函数名"的形式来调用。

函数名 stud_display 仍旧是全局符号，只是通过加适当的前缀后，函数名 stud_display 和别的函数重名的机会大大减少。如果整个程序都由类和对象构成（即所有的函数都附属于某一类），则除非类同名，否则不可能出现重名函数。

4．用含有函数指针的结构体实现类

C 语言高级进阶一章中，详细讨论了函数指针。设函数 stud_display()为：

```
void stud_display(STUD_Handle  p)
{
    ……
}
```

定义一个指向函数 stud_display()的函数指针 display。最好能定义一个跟函数类型一样的函数指针，如：

```
void  (＊display)(STUD_Handle);
```

可是如果此函数指针是在类(也就是结构体)中定义的,此时还没有形成类,编译器当然就无法识别"STUD_Handle"为何物。当然也可以忽略指针"STUD_Handle",这种老式的定义可以通过编译:

```
void  ( * display)();
```

但更加严谨规范的解决方法是:通过万能类型指针 void *,声明参数是指针,但类型是不定的:

```
void ( * display)(void * );
```

将函数指针置于类中,且位于成员变量前,这样类的完整定义如下:

```
typedef struct {
    void ( * display)(void * );
        //状态量
    unsigned int flag;              //输出学生学号与否的状态量
        //输入输出量
    char name[20];                  //学生名字
    unsigned int num;               //学生学号
} STUD;
```

建议添加注释行"//状态量"和"//输入输出量",来显著表明:哪些是需要初始化的状态量,哪些是输入量,哪些是输出量。此处输入量和输出量是一致的。

5. 对象的初始化

C 语言编译器没有能自动初始化的构造函数机制,每次定义对象时,可以用结构体的初始化来模拟构造函数,从而实现对象的初始化。

先用个简单的伪 C 语句来完成初始化:

```
STUD stud1 = { stud_display,  1};
```

初始化时,类(结构体)中的函数指针 display 就指向函数 stud_display,类中的状态变量 flag 初始化为 1 了。

实际上,函数指针是不能这样直接初始化的,原因很简单:函数指针和定义的函数名不是一种类型,应该在函数名前加上强制类型转换"(void (*)(void *))":

```
STUD stud1 = { (void ( * )(void * ))stud_display,  1};
```

如果要定义另一个学生对象 stud2,仍然需要把这些初始化值再写一遍:

```
STUD stud2 = { (void ( * )(void * ))stud_display,  1};
```

考虑做个简化形式,把后面的初始化值用宏定义来代替:

```
#define STUD_DEFAULTS  { (void (*)(void *)) stud_display,  1}
```

这样就能用简洁优美的形式定义对象了：

```
STUD stud1 = STUD_DEFAULTS;
STUD stud2 = STUD_DEFAULTS;
```

如果初始化的东西比较多，上面的宏定义需要多行才能完成时，需要在每行的后面添加换行符"\"。

可以每行针对一个变量做初始化：

```
#define STUD_DEFAULTS {                      \
    (void (*)(void *)) stud_display,         \
    1                                        \
}
```

函数指针提前也是类的良好书写风格之一。

越来越多的 C++程序都把 pubic 声明置前，pubic 声明中多是成员函数；而把 private 声明滞后，private 声明中多是成员变量。对调用者而言，把注意力集中在 pubic 声明的函数，就可以安全的调用，而不用关注 private 变量。

6. 别忘了函数声明

因为定义对象时：

```
STUD stud1 = STUD_DEFAULTS;
```

初始化值（即宏定义形式的 STUD_DEFAULTS）里用到了函数名 stud_display。所以头文件中必须有函数声明：

```
void stud_display(STUD_Handle);
```

7. 稍有区别的引用对象形式

C++中，定义对象 stud1 并调用成员函数的方式是：

```
STUD stud1;               //系统自动调用构造函数来初始化
stud1.display();
```

而在 C 语言中，定义了对象 stud1 并调用成员函数的方式是：

```
STUD stud1 = STUD_DEFAULTS;
stud1.display(&stud1);
```

二者是不是很相似？

对象在初始化时，函数指针变量 diplay 指向了函数 stud_display，可以把函数

stud_display 看作是类的成员函数。C 语言必须要传递结构体变量的地址 &stud1，才能实现 C++中调用成员函数的方式，这是二者的差别。可以把这种差别看作是不同语言实现类机制的差别，关键是要在编程中用类、对象等思维观念来对程序统筹规划。

以下是 C 语言实现类的完整程序。

例 5：

stud. h 文件

```
# ifndef __STUD_H__
# define __STUD_H__
typedef struct {
    void ( * display)(void * );
        //状态量
    unsigned int flag;                      //输出学生学号与否的状态量
        //输入输出量
    char name[20];                          //学生名字
    unsigned int num;                       //学生学号
} STUD;
# define STUD_DEFAULTS {                    \
    (void ( * )(void * )) stud_display,     \
    1                                       \
}
typedef STUD * STUD_Handle;
void stud_display(STUD_Handle);
# endif   //__STUD_H__
```

stud. c 文件

```
//交替打印名字和学号
# include "stud. h"
void stud_display(STUD_Handle p)
{
    if (p->flag){
        p->flag = 0;  printf("name: % s\n", p->name);
    }else{
        p->flag = 1;  printf("name: % s num: % d\n", p->name, p->num);
    }
}
```

main. c 主程序文件

```
void main(void)
```

```
{
    STUD stud1 = STUD_DEFAULTS;          //定义对象,并完成对象的初始化
    strcply(stud1.name,"moking");        //学生名字"moking"
    stud1.num = 1;                       //学生学号 1
    stud1.display(&stud1);
}
```

小思考：为了效率起见,例 5 中的函数没有输入参数,实现有输入参数的函数并不困难,请读者自己尝试看。

考虑到函数指针的复杂性和容易出错,实际使用中,可以在结构体里不定义函数指针,直接调用函数名 stud_display(&stud1)即可,这是我们推荐的简化用法。

例 6：

stud. h 文件

```
#ifndef __STUD_H__
#define __STUD_H__
typedef struct {
        //状态量
    unsigned int flag;              //输出学生学号与否的状态量
        //输入输出量
    char name[20];                  //学生名字
    unsigned int num;               //学生学号
} STUD;
#define STUD_DEFAULTS {             \
    1                               \
}
typedef STUD * STUD_Handle;
void stud_display(STUD_Handle);
#endif  //__STUD_H__
```

119

stud. c 文件

```
//交替打印名字和学号
#include "stud. h"
void stud_display(STUD_Handle p)
{
    if (p->flag){
    p->flag = 0;  printf("name: % s\n", p->name);
    }else{
        p->flag = 1;  printf("name: % s num: % d\n", p->name, p->num);
    }
}
```

main. c 主程序文件

```
void main(void)
{
    STUD stud1 = STUD_DEFAULTS;        //定义对象,并完成对象的初始化
    strcpy(stud1.name,"moking");       //学生名字"moking"
    stud1.num = 1;                     //学生学号1
    stud_display(&stud1);
}
```

在例6的基础上,可以再去掉结构体指针,也不用传递地址 &stud1,直接传递结构体变量或变量,直接调用函数名 stud_display()即可。从而进一步减少指针,降低复杂性。

实际应用千差万别,还要考虑到公司程序员水平参差不齐,实际应用中如何裁剪和变形本节内容,要根据具体情况来,不用太拘泥教材。

但面向对象的概念一定要牢记于心,且应该尽量在一个公司内风格统一和规范化。

7.6　良好编程原则

以下是一些良好编程的原则上的实践规范。当然这些还是不够的,还需要更有针对性的具体细节,可以参考网上一些大公司的编程规范。不过这些规范往往限于C语言及其细节,比如禁止使用 goto、禁止递归调用、缩进必须四个空格等,对汇编部分一字不提。本书列出一些包含汇编且更加接近原则的规范。

无论汇编模块还是C语言模块,必须遵循C语言编译器的运行时惯例。模块可以用汇编语言编写,但是必须是可被C语言调用。汇编程序员们可以看看自己的代码,是不是做到了这点。

无论汇编模块还是C语言模块,必须标明是否可重入的。

无论汇编模块还是C语言模块,数据必须是可重新定位的。数据要分配在数据空间。模块内的数据不可以有必须定位在某个地址的数据。汇编用户经常会把数据固定在某个地址,而在C语言中数据基本上都是可重新定位的。

无论汇编模块还是C语言模块,代码必须是可重新分配。

除了驱动模块外,所有模块的代码不要直接访问外设硬件。算法实现和硬件驱动应分开实现。软件应当区分为两类:与硬件无关的,与硬件有关的。这使得软件可移植性大大提高。也就是说,鼓励程序把驱动和算法实现分开编写。例如,不要试图在一个模块内既完成 SVPWM 算法,又完成 SVPWM 硬件输出。

驱动模块是对寄存器进行操作,这些操作应该包括提供读、修改、写寄存器功能。当代码越来越复杂的时候,尽量保证代码重用性、标准化和可移植性。

核心软件模块和工程需要清晰地文档化。

明确清晰地注释出所定义的输入输出变量,这样软件容易测试。

通过条件编译,每次调试时逐步增加几个功能模块,称为增量式系统搭建方法。众所周知,无论对一个工程怎样的精心考虑,最终,刚刚完成的系统都会是不能运行的,这通常由于忽略了一些微妙的硬件依赖和需求。增量式系统搭建方法在调试系统方面可以节省时间。

最后,希望软件工程师不是随心所欲发挥的编程,而是制订公司或项目的编程规范,平衡以下四样关系:公司项目特点、效率、可移植性、硬件厂家提供的外设库或算法库(易用但也常升级)。

7.7　结构图等价于模块

大多数读者应该学习过结构图(或等价的信号流图)。结构图能具有很强的抽象性和概括性,能清楚地表达信号的流向。结构图是描述、建模和解释复杂的控制系统强有力的工具,经典控制理论就大量使用结构图。由于结构图被广泛地用来描述控制系统,如果一个结构图能用一个模块来等效,那么大量的控制系统可容易地实现从理论建模到编程的转换。

下面以经典的 PID 控制为例,来说明一个典型的系统结构图,PID 控制即比例 P、积分 I、微分 D 控制,如图 7.1 所示。

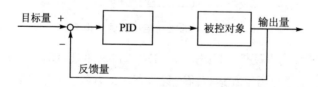

图 7.1　PID 控制系统结构图

为了适合更好地模块化编程,对系统结构图需要稍稍作些改动:

目标量和反馈量做比较的单元十分简单,显然没有必要成为一个单独的模块,因此合并比较单元和 PID 结构图。

明确地标明输入变量和输出变量。如果是采用定点数,还需给出 Q 格式说明,如果采用浮点数,可不用说明格式。

改进后的系统结构图如图 7.2 所示。

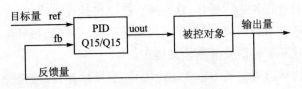

图 7.2　改进后的系统结构图

事实上，PID 控制在运行前要配置比例、积分、微分系数，完整 PID 结构图如图 7.3 所示。

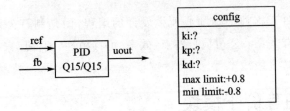

图 7.3　完整 PID 结构图

进一步改进图 7.2，反馈量通常需要硬件来完成检测。软件中跟硬件打交道的部分称为驱动。假设用 A/D 采样完成检测，完整的系统结构图如图 7.4 所示。

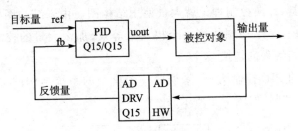

图 7.4　进一步改进后的系统结构图

图 7.4 中，HW 代表硬件（Hardware），DRV 代表驱动（Drive），Q15 表示输出数据的格式。A/D 采样也需要在运行前进行寄存器配置等，此处从略。

下面再给出一个不需要配置的结构图，电机控制中大名鼎鼎的 CLARK 变换，如图 7.5 所示。

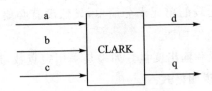

图 7.5　CLARK 变换结构图

明确地标明输入变量和输出变量,如果使用定点数还需给出 Q 格式,便于模块化编程实现的结构图如图 7.6 所示,此结构图不需要运行前进行配置。

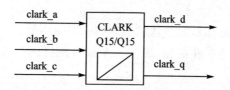

图 7.6 改进后的 CLARK 变换结构图

针对传统结构图没有标明接口变量名称,不区分软件和硬件边界等不适合模块化编程实现等特点,以上对传统中的结构图做了些改进:

- 显式地给出结构图的输入和输出变量名,如果是定点数需给出 Q 格式。
- 如果结构图运行前需要配置一些变量,在单独描述该结构图时,明确地标明需要配置的情况。
- 明确区分软件和硬件的边界。

经过少许地调整后,模块(软件)和结构图一一对应。

根据依赖硬件和使用时需要配置与否,共有 4 种模块,如表 7.1 所列。

表 7.1 4 种类型模块

模块类型	依赖硬件	使用时需要配置参数
无历史值	×	×
有历史值	×	√
驱动	√	√
调试工具类,基本用不到	√	×

经过改进后,结构图等价于模块。

如同第一次学习 C++ 对象概念,初学等价于模块的结构图也会比较激动,下面做些简单评价。

结构图的优点:对于一些控制系统,结构图提供了一种非常好的建模工具。把结构图等价于模块,实则是对结构图的一种软件抽象。近年来电机控制软件出现了很多图形化编程工具,这是结构图的合理扩展。

结构图的不足:结构图只适合描述一些软件控制系统,并不是描述所有软件系统(比如状态机)的万能药。

7.8　习　题

（1）用有输入参数的函数来替代例 5 和例 6 中的函数。

（2）在例 6 基础上进一步简化，编写一个没有指针的且具有面向对象的形式 C 语言程序。

（3）拓展一下知识面，在网上查找一些大公司的编程规范，看看对 C 语言规定的具体细节。

第 **8** 章

二进制可执行文件的配置文件

二进制可执行文件主要包括：

- 库文件(以后缀.lib 结尾)。
- 目标文件(DSP 的后缀.obj,ARM 的后缀.o)。
- 最终的可执行文件(DSP 的后缀.out、ARM 的后缀.axf)等。

通用目标文件格式 COFF(Common Object File Format),是一种很流行的二进制可执行文件格式。COFF 格式最先是由贝尔实验室在 UNIX 操作系统上实现,后来随着计算机行业的发展,服务器和 PC 机上的 COFF 进化出两个升级版本: WINDOWS 操作系统采用的是 PE 二进制文件格式,Unix/Linux 操作系统则采用 ELF 二进制文件格式。

DSP 支持两个版本的 COFF 格式:版本 0 和版本 1。版本 0 是 TI 公司早先用的版本,现在的默认设置是版本 1。

ARM 默认采用的是 ELF 格式和自定义的 AXF 格式(ARM Executable File,最终可执行二进制文件的后缀是.axf,其在 ELF 格式上增加了一点调试信息)。

基于 COFF 格式演化而来的二进制可执行文件,最大的特点是:都会采用灵活的分段机制。分段机制适合模块化编程,配置灵活,非常适应大程序。

在 WINDOWS 和 Linux 操作系统上编程的程序员,学习 PE 格式不是程序员的必需任务,交由编译器来处理完成即可。

TI 公司的 DSP 编译器,还是交给用户来配置二进制文件,从而把 DSP 性能发挥到极致,当然也增加了程序员的难度。

ARM 公司的 Keil 编译器,自动完成 ELF 格式配置,不再让用户配置,虽然失去了灵活性,但也大幅降低了程序员的难度。

这也符合两者定位: DSP 追求性能,ARM 追求通用性。

二进制可执行文件的配置文件: DSP 采用 CMD 文件,ARM(Keil)采用 SCT 文件。

DSP 学习者需要深入了解 CMD 文件(编译器没有默认配置,需要自己配置),ARM(Keil)学习者解下 SCT 文件即可(编译器默认不需要自己配置),当然想要精通 ARM,还是要自己配置 SCT 文件。

8.1 COFF 格式

本节讲述 COFF 格式、C 语言生成的段、连接命令文件（CMD 文件）和复杂的 .const 段。虽然这些东西不属于标准 C，但却是 DSP 程序正常运行不可缺少的。

详细的 COFF 文件格式包括有段头、可执行代码和初始化数据、可重定位信息、行号入口、符号表，字符串表等等，这些属于编写操作系统和编译器人员关心的范畴。从应用的层面上讲，DSP 的 C 语言程序员应能掌握两点：通过宏语句定义段；并给段分配空间。至于二进制文件到底如何组织分配，则交由编译器完成。

把握 COFF 格式的概念，最关键的一点就是：二进制可执行文件是以"段"（section）的形式存储的。这里 section 译为"段"，也有些人喜欢译为"节"。

使用段的好处是：鼓励"模块化"编程，提供更强大而又灵活的方法来管理代码和目标系统的内存空间。这里"模块化"编程的意思是：程序员可以自由决定愿意把哪些代码归属到哪些段，然后加以不同的处理。比如：把已初始化数据归属到一个段，未初始化数据归属到一个段，而不是混杂在一起。

编译器处理段的过程为：每个源文件都编译成独立的目标文件（以后缀.obj 结尾），每个目标文件含有自己的段；连接器把这些目标文件中相同段名的部分连接在一起，生成最终的可执行文件（以后缀.out 结尾）。

段分为两大类：已初始化的段和未初始化的段。

已初始化的段含有真实的指令和数据，存放在程序存储空间。程序存储空间在 DSP 片内是 FLASH。

未初始化的段只是保留变量的地址空间，未初始化的段存放在数据存储空间中，数据存储空间多为 RAM 存储单元。在 DSP 上电调用_c_int0 初始化库前，未初始化的段并没有真实的内容。

汇编语言中，通过六条伪指令来定义段，因此时常把伪指令和段混为一谈，比如伪指令.bss，也是段.bss。以下分类叙述段（或伪指令）。

（1）未初始化的段：

● .bss：定义变量存放空间。

● .usect：用户可自行定义未初始化的段，提供给用户更多的灵活性。

（2）已初始化的段：

● .text：包含可执行的汇编指令代码。.text 是系统定义的默认段，如果不加指明代码就归属.text 段。

● .data：一般包括常数数据。比如，用来对变量初始化的数据或一个正弦表格等。

- .sect：用户可自行定义已初始化的段,提供给用户更多的灵活性。
- .asect：作用类似.sect,但是多了绝对地址定位功能。由于地址定位功能常用更强大又灵活的命令文件来完成,这条指令在汇编编程中已经废弃不用。

由于 C 语言程序员只用到段的概念,不会接触到这些伪指令(本书没有讲述汇编),这里就不再详述其语法了。

8.2　C 语言生成的段

先解释一下堆栈的概念,虽然常常把堆和栈合在一起称之为堆栈,但其实二者是不同的概念。

栈(stack),栈是由系统自动管理的一片内存,用来存放局部变量和函数压栈出栈的状态量。进入 C 语言函数时需要保存一些寄存器的状态,即压栈操作;退出函数时要还原那些寄存器,即出栈操作。

堆(heap),当用户想要自己能独立灵活地控制一些内存时,可以用 malloc()等函数开辟一些动态内存区,这些动态内存区称为堆。

C 语言在运行时并不检查堆栈溢出与否。C28x 系列里堆栈是向高地址方向增长,如果堆栈段定义在数据存储空间的最后区域,实际运行中即使堆栈发生溢出,也不会覆盖其他有用的数据,此时堆栈可用的最高限额是实际数据存储空间的最高地址。

127

如上节述,汇编语言有如下段定义的伪指令,把汇编程序的各个部分与适当的段(数据块或程序块)联系起来:.bss,.data,.text,.sect,.usect。

C 语言保留不用.data 段,增加了如下段,以下分类叙述。

(1) 已初始化的段:

- .text：编译 C 语言中的语句时,生成的汇编指令代码存放于此。
- .cinit：存放用来对全局和静态变量初始化的常数。
- .switch：存放 switch 语句产生的常数表格。
- .const：稍微有些复杂的段。简单而言,是用来存放一些特殊的常数和字符等。在讲述完 CMD 文件后,将单独辟出一节加以叙述.const 段。
- .econst：存放远程常数和字符等,在 C28x 中新增的段。
- .pinit：C++中才有的初始化全局的结构体表,在 C28x 中新增的段。

(2) 未初始化的段:

- .bss：存放全局和静态变量。
- .stack：存放 C 语言的栈。
- .sysmen：存放 C 语言的堆。

● .ebss：存放远程全局和静态变量，在 C28x 中新增的段。

● .esysmem：存放远程 C 语言的堆，在 C28x 中新增的段。

以上所谓远程的意思是超过 64K 寻址的变量或常数，在 C28x 之前寻址空间不超过 64 KB。由此可以看出 COFF 格式，通过分段处理的扩展性很强。

♯pragma 是标准 C 中保留的预处理命令。

在 C28x 中，程序员可以通过 ♯pragma 来定义自己的段，这是预处理命令 ♯pragma 的主要用法。

♯pragma 的语法：

```
# pragma CODE_SECTION(symbol, "section name");
# pragma DATA_SECTION(symbol, "section name");
```

说明：

symbol 是符号，可以是函数名也可以全局变量名。section name 是用户自己定义的段名。

CODE_SECTION 用来定义代码段，DATA_SECTION 用来定义数据段。熟悉汇编的人会轻易地意识到：其实二者在汇编层次上分别是由伪指令.sect 和.usect 实现的。

使用 ♯pragma 需要注意：

● 不能在函数体内声明 ♯pragma。

● 必须在符号被定义和使用前使用 ♯pragma。

例 1：

将全局数组变量 a[128] 单独编译成一个新的段，取名为"mynewsect"。

```
# pragma DATA_SECTION(a, "mynewsect");
unsigned int a[128];
main()
{
    ......
}
```

程序级优化时，C 语言优化器会把一些没有被调用的函数给优化掉，而实际上，这些函数可能是有用的。♯pragma 还有一种用法就是能阻止这种优化，考虑到用处不大，读者知道有此用法即可，就不细述了。

段应分配的存储空间。

如果没有用到某些段，比如很多人都没有用到.sysmen 段，就可以不用在 CMD 文件中为其分配空间。当然保险起见，也可以不论用到与否，全都分配空间，没用到段的空间大小当然是零。

在 CMD 文件中,page 0 代表程序空间,page 1 代表数据空间,表 8.1 列出这些段应该分配的存储空间。

表 8.1　段分配的存储空间

段	分配的存储空间
.text	page 0
.cinit	page 0
.pinit	page0
通过♯pragma CODE_SECTION 定义的段	page 0
.switch	page0,1
.const/.econst	page 1
.bss/.ebss	page 1
.stack	page 1
.sysmen/.esysmem	page 1
通过♯pragma DATA_SECTION 定义的段	page 1

8.3　连接命令文件(CMD 文件)

连接命令文件(Linker Command Files),以后缀.cmd 结尾,简称为 CMD 文件。CMD 文件支持 C 语言中的块注释符"/ ＊ "和" ＊ /",但不支持行注释符"//"。

CMD 文件有为数不多的几个关键字,本节根据需要讲述一些常用关键字。需要注意的是,虽然某些关键字既能大写也能小写,比如 run(RUN)和 fill(FILL),但有些关键字必须区分大小写,比如 MEMORY、SECTIONS 只能大写。

CMD 文件的两大主要功能是:指示存储空间、分配段到存储空间,以下分别叙述。

1. 通过 MEMORY 伪指令来指示存储空间

MEMORY 伪指令语法:

```
MEMORY
{
    PAGE 0 :name 0 [ (attr)]:origin = constant ,length = constant
    PAGE n:name n [ (attr)]:origin = constant , length = constant
}
```

PAGE:用来标示存储空间的关键字。page n 的最大值为 page 255。C28x 系列中用的是 page 0,page 1,其中 page 0 为程序存储空间,page 1 为数据存储空间。

name：代表某一属性和地址范围的存储空间名称。名称可以是 1－8 个字符，在同一个页内名称不能相同,不同页内名称能相同。

attr：用来规定存储空间的属性,共有 4 个属性分别用 4 个字母代表：只读 R、只写 W、该空间可包含可执行代码 X,该空间可以被初始化 I。实际使用时简化起见,常忽略此选项,这样存储空间就能具有所有的属性。

origin：用来定义存储空间起始地址的关键字。

length：用来定义存储空间长度的关键字。

2. 通过 SECTIONS 伪指令来分配段到存储空间

相对于简单的伪指令 MEMORY,伪指令 SECTIONS 稍稍有些复杂。SECTIONS 伪指令语法：

```
SECTIONS
{
    name:[ property, property, property,...]
    name:[ property, property, property,...]
    ……
}
```

name：输出段的名称。

property：输出段的属性。常用的有下面一些属性：

load：定义输出段将会被装载到哪里的关键字。

语法：

```
load = allocation 或 allocation 或＞allocation
```

allocation 可以是强制地址,比如"load＝0x100"。但更多的时候 allocation 是存储空间的名称,这也是最为通常的用法。

run：定义输出段将会在哪里运行的关键字。

语法：

```
run = allocation 或 run＞allocation
```

CMD 文件规定当只出现一个关键字 load 或 run 时,表示 load 地址和 run 地址是重叠的。实际应用中,大部分段的 load 地址和 run 地址是重叠的,除了 .const 段。

输入段。

语法：

```
｛input_sections｝
```

花括号"｛ ｝"中是输入段。

这里对输入段与输出段做一个区分如下：

每一个汇编或 C 语言文件经过编译会生成若干个段,多个汇编或 C 语言文件生成的段大都是同名的,常见的如前面已经介绍的段：. cinit,. bss 等等。这些段都是输入段。这些归属于不同文件的输入段,在 CMD 文件的指示下,会被连接器连接在一起生成输出段。

例 2：

工程中只有两个文件 a. c 和 b. c,经过编译生成了 a. obj 和 b. obj,假设每个. obj中都包含有. bss 段。当要分配. bss 段到 RAM 空间,通常可以简单地写为：

```
.bss load = RAM
```

上述写法实则是下面的简写：

```
.bss load = RAM
{
    a.obj.(bss)
    b.obj.(bss)
}
```

上述可以进一步化简化

```
.bss load = RAM
        { * .(bss)}
```

通配符 * 号代表所有被连接的. obj 文件。

这样读者就比较清楚了,常用的形式". bss load＝RAM ",实际是输出段和输入段同名时的一种简写。

还有些不太常用的特性,比如段类型,align 地址,填充(fill)值到洞(hole,实则是空间分配时产生的一些碎片)等等。限于篇幅,这里就不讲述了。

CMD 文件中还可以直接写各种编译命令。有些程序员也喜欢这么做,考虑到读者遇见时不至于困惑,在此举几例：

```
- l  rts2xx.lib            /* 连接系统库文件 rts2800.lib  C28x * /
- l  rts2xx.lib            /* 连接系统库文件 rts2xx.lib  C24x * /
- o  roam.out             /* 最终生成的二进制文件命名为 roam.out * /
- m  roam.map             /* 生成映射文件 roam.map * /
- stack  0x200            /* 堆栈定为 512 个字节 * /
```

这些编译命令都是可以在工程中配置的。

TI 给 C28x 系列 DSP 提供了两个主要的 CMD 文件：
● 在 RAM 中调试程序用的 28335_RAM_lnk. cmd，请参考本章附录。
● 往 flash 烧写程序的 F28335. cmd，请参考第 2 章附录。

复杂的 . const 段

本节中全局变量包括全局变量和静态变量。

本节中. const 段也包括了. econst 段。

DSP 手册说明了两种情况会产生. const 段：由关键字 const 限定的全局变量初始值；出现在表达式中的字符串常数。但实际应用中，要比这复杂些。

C 语言中有三种情况会产生. const 段：

1. 关键字 const

由关键字 const 限定的带有全局基本变量的初始化值，比如，"const int a＝90;"。

但由关键字 const 限定的局部基本变量的初始化值，不会产生. const 段，局部变量都是运行时开辟在. bss 段中的。

2. 字符串常数

字符串常数出现在表达式中，比如，"strcpy(s，"abc");"。

字符串常数用来初始化指针变量，比如，"char ＊ p＝"abc";"。

但，当字符串常数用来初始化数组变量时，不论是全局还是局部数组变量，都不会产生. const 段，此时字符串常数生成的是. cinit 段，比如，"char s[4]＝"abc";"。

3. 数组和结构体的初始值

数组和结构体是局部变量，其初始化值会产生. const 段，比如，"int a[8]＝{1，2，3};"。

但，数组和结构体是全局变量时，其初始化值不会产生. const 段，此时生成的是. cinit 段。

仔细看了表 1 的读者可能会觉得比较奇怪：. const 段存放的是初始化的常数值，理应放置在程序空间 page 0 中才对，否则一旦掉电，岂不是这些常数值都没有了？

设置. const 段是基于灵活性考虑的：程序中常会有大量的常数占用数据空间，比如液晶显示用的点阵字库等。这些数据空间存放常数值，只被用来读，而从不会被写入。把这些常数单独编译成. const 段，就为 C 编译器来做特定处理提供了条件。

那怎么存储这些常数呢？

一种解决的方法是：把.const 段中的常数存储在程序空间,上电时把这些常数由程序空间搬移到数据空间,但这样的初始化费时且占用了大量的程序空间。

理想的解决方法是：把.const 段中的常数固化或烧写到外在的一个 ROM 或 FLASH 中,并把 ROM 或 FLASH 的地址译码到 DSP 的数据空间,这样就能避免第一种解决方法的缺陷了。

但是,对大多数人而言,并没有这个 ROM 或 FALSH 来存储常数,所以还是要用第一种解决方法。把.const 段从 page 0 搬移到 page 1,需要在两个地方作些设置和改动：

1. 在 CMD 文件中设置

在 CMD 空间需要把装载和运行分开：装载在 page 0,运行在 page 1。笔者在此处列出 CMD 文件的设置并附加了详细注释,读者若看不懂这些注释也不必深究,实际应用中这些设置都是固定死的。

例 4：

```
MEMORY
{
    PAGE 0:PROG:...
    PAGE 1:DATA:...
}
SECTIONS
{
...
.const:load = PROG PAGE 0 , run = DATA PAGE 1
    {
    __const_run = . ;
        /＊把当前地址赋值给符号__const_run。"."代表当前地址＊/
＊(.c_mark)
        /＊把所有的.c_mark 段都分配在此。＊/
        /＊.c_mark 段是在生成.const 段时由系统自动生成的,＊/
        /＊用来标记每一个.const 的起始地址.＊/
＊(.const)
        /＊把所有的.const 段都分配在此＊/
    __const_length = . － __const_run;
        /＊当前地址减去先前的地址,得到整个分配的长度＊/
    }
...
}
```

2. 修改连接的实时库

在 DOS 命令环境下,进入库文件目录下。

(1) 从 rts. src 源文件库中释放出 boot. asm。

```
ar2000 - x rts.src boot.asm          //对于 C28x
dspar - x rts.src boot.asm           //对于 C24x
```

(2) 打开 boot. asm 把里面的 CONST_COPY 常数改成 1,原先是 0:

```
CONST_COPY .set 1
```

(3) 重新把 boot. asm 文件编译一遍,生成 boot. obj

```
asm2000 - v28 boot.asm               //对于 C28x
dspar - v2xx boot.asm                //对于 C24x
```

(4) 把 boot. obj 归档到 C 语言的 rts2xx. lib 库中

```
ar2000 - r rts2800.lib boot.obj      //对于 C28x
dspar - r rts2xx.lib boot.obj        //对于 C24x
```

此时生成新的库文件 rts2800. lib 或 rts2xx. lib。

当 C 语言程序连接到新的库文件 rts2800. lib 或 rts2xx. lib 时,DSP 上电初始化时,系统库将自动把. const 段中的常数从 page 0 区搬移到 page 1 区。

如果程序可以在调试阶段顺利下载并安全运行,但在烧写到 FLASH 后却无法正常运行。请注意查看. map 文件,看是否生成了. const 段。如果生成了. const 段,请用本节的方法进行设置和修改。

比较有趣的是,如果用户的工程并没有生成. const 段,且该工程连接的是上述新的库文件 rts2800. lib 或 rts2xx. lib 时,则程序将不能通过编译连接。

8.4　分散加载文件(SCT 文件)

ARM 采用 ELF 文件格式,ELF 格式是 COFF 的升级版,所以 ARM 也是采用分段模式来组织二进制可执行文件。

如果想深入了解 ELF 格式,也可以参考前面的 COFF 格式等章节,大同小异。

类似 TI 公司采用 CMD 文件,Keil 采 SCT 文件(分散加载文件)来指示编译器如何编译、链接和生成二进制可执行文件。

分散加载文件(即 scatter file　后缀为. sct)是一个纯文本文件,可用任何文本编辑器编辑,比如记事本、UltraEdit、μVision 等。

ELF 段类型有:. text、. data、. bss 等。. text 有时也称为. code,这些跟 COFF 格

式一致。

ELF 段标志有：RO、RW、ZI 等。

● C 语言中指令以及常量，编译成 RO(ReadOnly)标志。

● C 语言中未被初始化或初始化为 0 的变量，编译成 ZI(ZeroInit)标志。

● C 语言中已被初始化成非 0 值的变量，编译成 RW(ReadWrite)标志。

一个工程编译链接完成时，会显示有如图 8.1 所示的段标志。

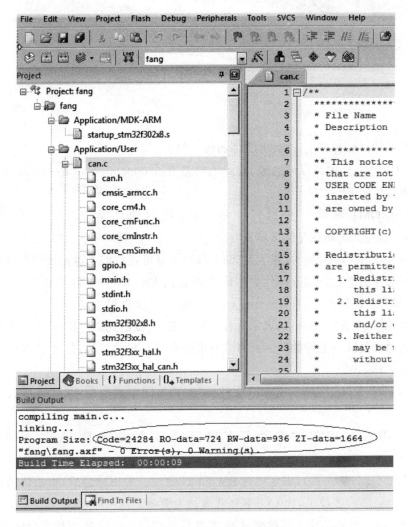

图 8.1 段标志示例

以 STM32F302C8 芯片为例，建立一个工程 fang 后，Keil 会自动生成一个同名工程的分散加载文件 fang. sct。

fang. sct 文件

```
; ************************************************************
; *** Scatter - Loading Description File generated by uVision ***
; ************************************************************
LR_IROM1 0x08000000 0x00010000          {  ;load region size_region
    ER_IROM1 0x08000000 0x00010000      {  ;load address = execution address
        *.o (RESET, + First)
        *(InRoot $ $ Sections)
        .ANY ( + RO)
    }
    RW_IRAM1 0x20000000 0x00004000      {  ;RW data
    .ANY ( + RW + ZI)
    }
}
```

以下逐行详细解释上述 SCT 文件的每一句：

LR_IROM1 是加载存储区域,起始地址是 0x08000000,长度是 0x00010000,刚好对应该芯片的 FLASH 空间。

ER_IROM1 是第一个执行存储区域,起始地址是 0x08000000,长度是 0x00010000,与上述加载存储区域重合。

*.o (RESET, +First),表示 RESET 段内所有可定位的二进制代码。通配符 * 代表所有文件的意思,+First 代表本段代码放在 ER_IROM1 区域最上方的意思。RESET 段存放跳转指令,在 startup_stm32f302x8. s 文件里生成。

*(InRoot $ $ Sections),表示所有分配在 Root 段的代码。Root 段代表装载地址和执行地址是同一地址的段。所有含有两个字符 $ $ 的名称,都是 Keil 编译器内部的保留名称。

.ANY (+RO),表示所有 RO 文件。.ANY 等同于通配符 *,代表所有文件的意思。

RW_IRAM1 是第二个执行存储区域,起始地址是 0x20000000,长度是 0x00004000。

.ANY (+RW +ZI),表示所有 RW 和 ZI 的段。采用标志后,很简洁的一句就包含了.data、.bss 等段了,比 COFF 格式表达力更强。

STM32F302C8 芯片生成的默认 SCT 文件只有一个连续的加载存储区域,复杂的芯片可以有多个加载存储区域,当然也可以人为的生成多个加载存储区域。

自定义 SCT 文件

Keil 默认自动生成一个同名工程的分散加载文件,默认用户无须手动修改,这降低了初学者的难度,增强了代码的通用性和可移植性。

但如果用户想要做些高难度的发挥,充分利用芯片性能,必须自定义分散加载文件。

♯pragma 是标准 C 中保留的预处理命令。如同 DSP 中程序员可以通过 ♯ pragma 来定义自己的段,Keil 也采用这种用法。

♯pragma 的语法:

```
♯ pragma arm section [section_sort_list]
♯ pragma arm section
```

说明:

section_sort_list 的语法为: section_type[[=]" name"] [, section_type=" name"]。

section_type 提供了如下几种有效段标志＋类型写法:. code、. rodata、. rwdata、. zidata。

♯pragma arm section,不带后面参数,则表示恢复原始默认定义。

使用 ♯pragma 需要注意:

不能在函数体内声明 ♯pragma。

必须在变量或函数被定义和使用前使用 ♯pragma。

Keil 的 ♯pragma 用法,类似 C 语言中/ ＊　＊/的段操作,这点跟 TI 的 ♯ pragma 用法不同。

```
int a = 1;
♯ pragma arm section rwdata = "wanglugang'"
intb = 2;
♯ pragma arm section
//最后一句还可以用 ♯ pragma arm section rwdata 来等同完成
//♯ pragma 用法比较复杂多样,我们推荐上述简单用法
```

变量 a 会默认分配到. data 段。

变量 b 会分配到自定义的. wanglugang 段。

两者都是 RW 标志。

分配自定义的段(wanglugang)到不同的空间,修改上述的 SCT 文件。

μVision 中选择 Project → Options for Target ' ',如图 8.2 所示。

取消 Use Memory Layout from Target Dialog 前的对勾,就可以看到隐藏的 fang. sct 文件了,用户可以单击右侧按钮 Edit 编辑,如图 8.3 所示。

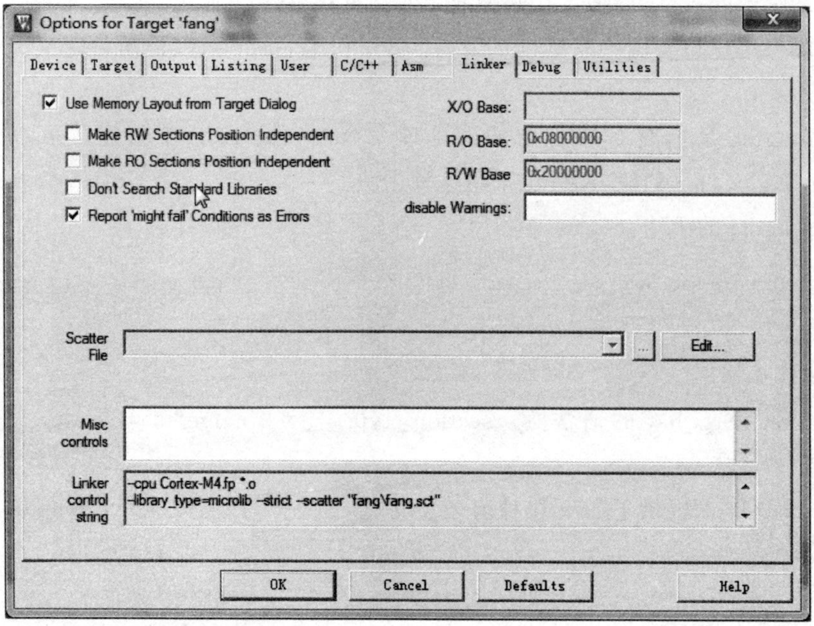

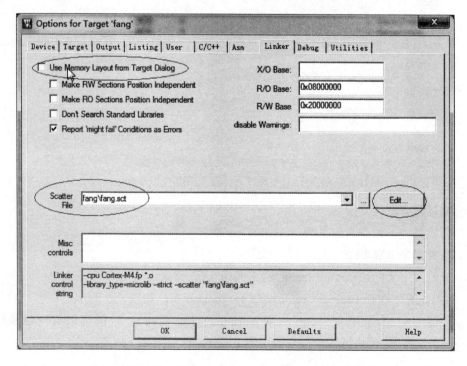

图 8.2　μVision 中 Options for Target '　' 的默认界面

图 8.3　取消 Use Memory Layout from Target Dialog 的对勾

新 fang. sct 文件

```
LR_IROM1 0x08000000 0x00010000        {  ;load region size_region
    ER_IROM1 0x08000000 0x00010000    {  ;load address = execution address
        * .o (RESET, +First)
        * (InRoot $ $ Sections)
        . ANY ( + RO)
    }
    RW_IRAM1 0x20000000 0x00004000     {  ;RW data
    . o(wanglugang)                       ;新的 wanglugang 段,包含变量 b。
    . ANY ( + RW + ZI)                    ;原先的.bss 和.data 段等,包含变量 a。
    }
}
```

Keil 规定采用关键字__attribute__也可以完成自定义段,但更不通用,已经不属于 C 语言规范了,相对来说更推荐预处理命令♯pragma。

更高难度的配置文件用法,学习者可尝试解答本章的习题。

8.5　习　题

(1) COFF、PE、ELF、AXF 演化的逻辑关系是什么?

(2) 有时为了追求极限速度,DSP 程序员需要把 C 语言标准库函数(比如 sin()函数)从慢速 FLASH 区搬到快速 RAM 区运行,此时如何配置 CMD 文件?

(3) 尝试使用 SCT 文件,如何把 ARM 的代码从慢速 FLASH 区搬到快速 RAM区运行?

(4) 拓展一下知识面,单片机行业还有哪些知名的二进制可执行文件格式?

本章附录

TI 提供的 RAM 中调试程序用的配置文件: 28335_RAM_lnk. cmd。

```
/* 应用于 C28x 的 CMD 文件: 28335_RAM_lnk.cmd */
MEMORY
{
PAGE 0 :
    /* BEGIN is used for the "boot to SARAM" bootloader mode      */
    /* BOOT_RSVD is used by the boot ROM for stack.               */
    /* This section is only reserved to keep the BOOT ROM from    */
    /* corrupting this area during the debug process              */
```

```
   BEGIN            :origin = 0x000000, length = 0x000002 /* Boot to M0 will go here */
   BOOT_RSVD        :origin = 0x000002, length = 0x00004E
                    /* Part of M0, BOOT rom will use this for stack */
   RAMM0            :origin = 0x000050, length = 0x0003B0
   RAML0            :origin = 0x008000, length = 0x001000
   RAML1            :origin = 0x009000, length = 0x001000
   RAML2            :origin = 0x00A000, length = 0x001000
   RAML3            :origin = 0x00B000, length = 0x001000
   ZONE6A           :origin = 0x100000, length = 0x00FC00
                    /* XINTF zone 6 - program space */
   CSM_RSVD         :origin = 0x33FF80, length = 0x000076
                    /* Part of FLASHA. Program with all 0x0000 when CSM is in use. */
   CSM_PWL          :origin = 0x33FFF8, length = 0x000008
                    /* Part of FLASHA. CSM password locations in FLASHA */
   ADC_CAL          :origin = 0x380080, length = 0x000009
   RESET            :origin = 0x3FFFC0, length = 0x000002
   IQTABLES         :origin = 0x3FE000, length = 0x000b50
   IQTABLES2        :origin = 0x3FEB50, length = 0x00008c
   FPUTABLES        :origin = 0x3FEBDC, length = 0x0006A0
   BOOTROM          :origin = 0x3FF27C, length = 0x000D44
PAGE 1 :
   RAMM1            :origin = 0x000400, length = 0x000400 /* on-chip RAM block M1 */
   RAML4            :origin = 0x00C000, length = 0x001000
   RAML5            :origin = 0x00D000, length = 0x001000
   RAML6            :origin = 0x00E000, length = 0x001000
   RAML7            :origin = 0x00F000, length = 0x001000
   ZONE6B           :origin = 0x10FC00, length = 0x000400 /* XINTF zone 6 - data space */
}

SECTIONS
{
   /* Setup for "boot to SARAM" mode:
      The codestart section (found in DSP28_CodeStartBranch.asm)
      re-directs execution to the start of user code.   */
   codestart           :>BEGIN,        PAGE = 0
   ramfuncs            :>RAML0,        PAGE = 0
   .text               :>RAML1,        PAGE = 0
   .cinit              :>RAML0,        PAGE = 0
   .pinit              :>RAML0,        PAGE = 0
   .switch             :>RAML0,        PAGE = 0
   .stack              :>RAMM1,        PAGE = 1
   .ebss               :>RAML4,        PAGE = 1
   .econst             :>RAML5,        PAGE = 1
```

```
    .esysmem          :>RAMM1,        PAGE = 1
    IQmath            :>RAML1,        PAGE = 0
    IQmathTables      :>IQTABLES,     PAGE = 0, TYPE = NOLOAD
    IQmathTables2     :>IQTABLES2,    PAGE = 0, TYPE = NOLOAD
    FPUmathTables     :>FPUTABLES,    PAGE = 0, TYPE = NOLOAD
    DMARAML4          :>RAML4,        PAGE = 1
    DMARAML5          :>RAML5,        PAGE = 1
    DMARAML6          :>RAML6,        PAGE = 1
    DMARAML7          :>RAML7,        PAGE = 1
    ZONE6DATA         :>ZONE6B,       PAGE = 1
    .reset            :>RESET,        PAGE = 0, TYPE = DSECT   /* not used */
    csm_rsvd          :>CSM_RSVD      PAGE = 0, TYPE = DSECT
                      /* not used for SARAM examples */
    csmpasswds        :>CSM_PWL       PAGE = 0, TYPE = DSECT
                      /* not used for SARAM examples */
    /* Allocate ADC_cal function (pre - programmed by factory into TI reserved
memory) */
    .adc_cal          :load = ADC_CAL,  PAGE = 0, TYPE = NOLOAD
  }
```

第**9**章

微控制器厂家的库文件

TI 和 ST 公司为方便程序员编程,提供了大量的库文件。

其中,TI 公司提供了优秀的算法类库,ST 公司提供了统一规范的外设库。

TI 公司的算法类库,算法很先进和实用;很多库采用汇编语言编写,充分调用了特殊汇编指令,快速性得到保障,当然移植性比较差。

ST 公司的外设库,基本采用 C 语言编写,提供统一规范的接口,方便了 ST 公司不同 ARM 芯片间的移植。

所有的软件都会有偶然潜藏的 Bug,以 LL 库的某芯片为例,其死区函数设置死区比较大时就是错误的。但即使如此,笔者仍然鼓励多使用厂家的库,在大部分情况下,厂家库文件的软件规范程度要远远高于普通程序员。

9.1 TI 的 controlSUITE 算法库

TI 公司提供了控制套件 controlSUITE,其包括了多个数学函数库、DSP 库、应用库,以及详细的文档说明 PDF,如图 9.1 所示。

图 9.1 controlSUITE 安装后的目录结构

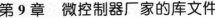

运行 controlSUITE.exe 后，能看到各类库，如图 9.2 所示。

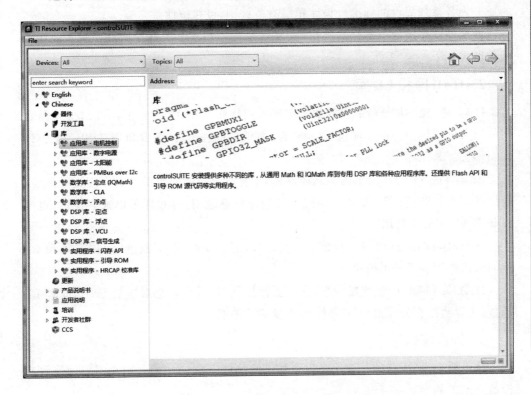

ARM 与 DSP 硬件特色和编程指南

143

图 9.2　各类算法库一览

controlSUITE 的各个库之间也是独立的，也非常简明易懂，说明文档写得详尽且符合规范，本书的最后两章详细讲解了其中两个算法应用。

9.2　ST 的外设库概论

ST 公司为自己 ARM 芯片提供了三个外设驱动函数库：标准外设库、HAL 库、LL 库。新开发的程序，建议使用 HAL 库和 LL 库，不再建议使用已经不更新的标准外设库。

1. ST 的标准外设库

标准外设库（Standard Peripherals Library），是 ST 公司最早的外设驱动库，已经不再更新，也不支持从 STM32 L0，L4 和 F7 开始的之后的 STM32 系列芯片。当前市面 STM32 资料中还有大量的标准外设库例程。

标准外设库是对 STM32 芯片的一个完整的封装，包括所有标准器件外设的器件驱动器。这是目前使用最多的 ST 库。标准外设库也是针对某一系列芯片而言的,ST 为各系列提供的标准外设库稍微有些区别,可移植性差。

标准外设库接近于寄存器操作,主要就是将一些基本的寄存器操作封装成了 C 函数形式。

2. HAL 库和 LL 库

HAL 库,是 ST 公司推出的抽象层嵌入式软件,可以更好地保证 STM32 产品之间的最大可移植性。该库提供了一整套一致的中间件组件,如 RTOS,USB,TCP/IP 和图形等。

LL 库,是 ST 公司推出的最新驱动库,是标准外设库升级版,LL 库接近硬件层,直接操作寄存器,对需要复杂上层协议栈的外设不适用。LL 库可以独立使用,也可以和 HAL 库混合使用。

HAL 库和 LL 库可以各自独立使用,可以混合使用,但不能使用 HAL 库和 LL 库同时操作同一个外设模块

HAL 库和 LL 库放置在一起,如果要使用外设,需要查它对应的 HAL 或者 LL 函数,可以直接在外设对应.c 文件和.h 文件中查找。

3. 外设库概论

从本质上讲,所有的外设库是每个外设的接口函数(API),我们只需要填写好我们需要配置的参数就可以了。

从运算速度而言:HAL 库慢于 LL 库。

从 STM32 产品之间移植性而言:HAL 库好于 LL 库。

因为外设库函数非常庞大,ST 公司推出代码自动生成工具软件 STM32CubeMX,其集成 HAL 库与 LL 库,方便用户代码调用外设库。具体用法参考第 2 章。

9.3　ST 的 LL 库

LL 是 Low Layer 的缩写,底层驱动的意思。

LL 库是独立实现的,是 ST 最新推出的外设软件库,比 HAL 库还要新。

LL 库更接近硬件层,直接操作寄存器,是标准库的升级版,用法也接近。LL 库对需要复杂上层协议栈的外设不适用。

图 9.3 为工程中的 LL 库文件。

图 9.3 工程中的 LL 库文件

LL 代码举例

在 STM32CubeMX 工程中将 PA1 配置成输出,并在 SETTING 中 configure 页面中的 GPIO 模块选择 LL 库生成代码。

以一个输出 I/O 口置高和置低的小函数为例,展示下 LL 库的调用:

```
void output_pin1(uint16_t  bflag)
{
    If (! bflag){
        LL_GPIO_ResetOutputPin(GPIOA, LL_GPIO_PIN_1);          //置低
    }else{
        LL_GPIO_SetOutputPin (GPIOA, LL_GPIO_PIN_1);           //置高
    }
}
```

函数 LL_GPIO_ResetOutputPin()是定义在头文件的一个内联函数,等同于宏定义,速度快。

整体而言,LL 库函数用法简单,使用方便;当然 LL 库函数繁多,用户用到哪个外设就去查对应外设的 LL 库即可。

9.4 ST 的 HAL 库

HAL 是 Hardware Abstraction Layer 的缩写,硬件抽象层。

HAL 库是基于一个非限制性的 BSD 许可协议（Berkeley Software Distribution）而发布的开源代码。

HAL 库是 ST 最新推出的抽象层嵌入式软件库，和 LL 库比起来，HAL 库更加抽象，HAL 库的最终目的是要实现在 STM32 系列之间无缝移植。

HAL 库支持 STM32 全线产品，该库提供了众多自己和第三方的中间件组件，如 RTOS、USB、TCP/IP 和图形等。

图 9.4 为工程中的 HAL 库文件。

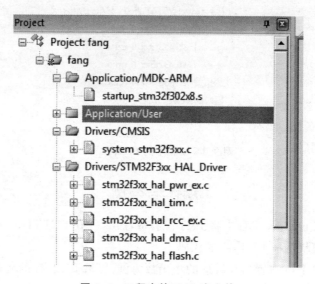

图 9.4　工程中的 HAL 库文件

HAL 代码举例

在 STM32CubeMX 工程中将 PA1 配置成输出，并在 SETTING 中 configure 页面中的 GPIO 模块选择 HAL 库生成代码。

以一个输出 I/O 口置高和置低的小函数为例，展示下 HAL 库的调用：

```
void output_pin1(uint16_t  bflag)
{
    If (! bflag){
        HAL_GPIO_WritePin(GPIOA, GPIO_PIN_1, GPIO_PIN_RESET);     //置低
    }else{
        HAL_GPIO_WritePin(GPIOA, GPIO_PIN_1, GPIO_PIN_SET);       //置高
    }
}
```

普通函数 HAL_GPIO_WritePin ()定义在源文件里，相对于定义在头文件的内

联函数 LL _GPIO_ResetOutputPin(),速度要慢。

进一步讲解 HAL 库

跟简单的 LL 库不同,完整的 HAL 库比较复杂,HAL 库提供了三种编程模式:常用的查询(如同 LL 库使用)、中断、DMA。

以 ADC 代码函数为例,启动 ADC 的 HAL 库分别有三个函数:

```
HAL_ADC_Start()              //查询也叫轮询
HAL_ADC_StartIT()            //中断
HAL_ADC_StartDMA()           //DMA
```

常规的 ADC 中断编程,用户需要在中断函数里,调用相应的 ADC 函数。也就是说中断函数,跟响应中断的 ADC 函数代码要放在一起。

HAL 库为了方便代码分开编程,在中断和 DMA 的库代码中,提供了回调函数这种架构,即中断函数调用了一个回调函数,用户可以直接在回调函数里编程。

考虑到用户可能是自己编写好的回调函数(即自己响应中断的函数),所以 HAL 库默认提供__weak 关键词修饰的回调函数,这样用户可以自定义回调函数。__weak 是个 GNU 的 C 扩展语法,表示如果用户有自定义的同名函数,则编译器链接用户的自定义函数,如果没有,则编译器链接__weak 关键词修饰的函数。

更深入的细节还是需要用户查看 HAL 库手册,HAL 库架构编写得不错,但本书不是厂家宣传手册,毕竟 HAL 库只是方便了 ST 公司内不同 ARM 芯片的移植,不是 ST 公司到别的公司 ARM 芯片的移植。

9.5　移植性和小结

本书讲解了不同厂家的库文件,在本小结中要重点讲下移植性。

不是厂家推出什么都能成功,一本真正的书:作者要有自己的态度,要培养读者的独立思考能力,而不是厂家宣传的传话筒。对 ST 公司的外设库,作者认为:

> ➤ HAL 库过于野心勃勃,想一统所有 ST 公司的 ARM 芯片接口(移植性),从而导致 HAL 库过于庞大和速度慢,很可能导致其在中低端 ARM 芯片的失败(利用率过低)。

> ➤ 目前来说,LL 库更适合中低端 ARM 芯片,但 LL 库不能覆盖所有的外设,未来这会被改善。

本质上来说,上面两条讲述的是可移植性和代码效率的平衡。下面讲讲从用户角度而言,真正的移植性意味着什么。

虽然 ST 公司非常强调其 HAL 库的移植性高,但该移植性,只是在 ST 公司内不同 ARM 芯片的移植,不是 ST 公司到别的公司 ARM 芯片的移植。这跟用户真正希望的移植性是不同的,用户更希望那种一次编写代码,跨所有硬件平台,不被任何硬件厂家绑架,代码改动最小化。

每个芯片厂家都希望自己的软件和硬件,一旦取得优势地位后,用户迁移到其他公司的门槛越高越好,从而获取更多的超额利润。这跟用户的意愿是冲突的,用户希望自己的代码能轻松移植到其他公司硬件。

本书鼓励用户使用所有的厂家库,包括算法库、LL 库和 HAL 库,毕竟没必要重复造轮子。但程序员应制订公司或项目的编程规范,平衡以下四样关系:公司项目特点、效率、可移植性、硬件厂家提供的外设库或算法库(易用但也常升级)。

本书不是专门讨论移植性的,虽然这十分重要。但需要明确指出:设定良好的代码架构,才能方便代码在不同厂家的硬件平台移植(修改最小化即可,想做到零修改是不可能的)。跟 PC 和手机有统一平台不同,每一款厂家的单片机寿命也就几年。

很多程序员对移植性认识不深刻,除了单片机寿命外,这里再举一个因素,半导体市场的周期波动非常正常,一旦某款芯片畅销进入缺货时代,芯片厂家会对客户实行保大弃小策略。笔者曾经看到一款微处理器的价格在二级市场炒到近 10 倍。没有任何工程师所在的公司希望让供货商绑架到缺货,代码做到移植性高,即以代码最小改动的代价迁移到其他厂家芯片,在危急时刻还是很有必要。大公司的生产理念都是希望供货厂家一主一备,以防万一。

9.6　习　题

(1) 拓展一下知识面,回调函数分成几类? 怎么理解回调 callback 的原始意思?

(2) 拓展一下思维,编写可移植性好的代码有哪些注意事项,从而跨不同厂家的硬件和软件平台时修改最小?

(3) 能否融合 LL 库和 HAL 库,或者在调用形式上更一致?

本章附录

ST 提供的 LL 库:stm32f3xx_ll_gpio.h 文件(节录)

```
#ifndef __STM32F3xx_LL_GPIO_H
#define __STM32F3xx_LL_GPIO_H
#ifdef __cplusplus
```

```
extern "C" {
#endif
/* Includes --------------------------------------------------- */
#include "stm32f3xx.h"
#if defined (GPIOA) || defined (GPIOB) || defined (GPIOC) || defined (GPIOD) || de-
fined (GPIOE) || defined (GPIOF) || defined (GPIOG) || defined (GPIOH)
typedef struct
{
    uint32_t Pin;          /*! <Specifies the GPIO pins to be configured. */
                           /* This parameter can be any value of @ref GPIO_LL_EC_PIN */
    uint32_t Mode;         /*! <Specifies the operating mode for the selected pins. */
                           /* This parameter can be a value of @ref GPIO_LL_EC_MODE. */
                           /* GPIO HW configuration can be modified afterwards */
                           /* using unitary function @ref LL_GPIO_SetPinMode(). */
    uint32_t Speed;        /*! <Specifies the speed for the selected pins. */
                           /* This parameter can be a value of @ref GPIO_LL_EC_SPEED */
    uint32_t OutputType;
                           /*! <Specifies the operating output type for the selected
                           pins. */
                           /* This parameter can be a value of@refGPIO_LL_EC_OUTPUT */
    uint32_t Pull;
                           /*! <Specifies the operating Pull-up/Pull down for the se-
                           lected pins */
                           /* This parameter can be a value of @ref GPIO_LL_EC_PULL. */
    uint32_t Alternate;
                           /*! <Specifies the Peripheral to be connected to the select-
                           ed pins. */
                           /* This parameter can be a value of @ref GPIO_LL_EC_AF. */
} LL_GPIO_InitTypeDef;
#define LL_GPIO_PIN_0      GPIO_BSRR_BS_0 /*! <Select pin 0 */
#define LL_GPIO_PIN_1      GPIO_BSRR_BS_1 /*! <Select pin 1 */
#define LL_GPIO_PIN_2      GPIO_BSRR_BS_2 /*! <Select pin 2 */
#define LL_GPIO_PIN_3      GPIO_BSRR_BS_3 /*! <Select pin 3 */
#define LL_GPIO_PIN_4      GPIO_BSRR_BS_4 /*! <Select pin 4 */
#define LL_GPIO_PIN_5      GPIO_BSRR_BS_5 /*! <Select pin 5 */
#define LL_GPIO_PIN_6      GPIO_BSRR_BS_6 /*! <Select pin 6 */
#define LL_GPIO_PIN_7      GPIO_BSRR_BS_7 /*! <Select pin 7 */
#define LL_GPIO_PIN_8      GPIO_BSRR_BS_8 /*! <Select pin 8 */
#define LL_GPIO_PIN_9      GPIO_BSRR_BS_9 /*! <Select pin 9 */
#define LL_GPIO_PIN_10     GPIO_BSRR_BS_10 /*! <Select pin 10 */
#define LL_GPIO_PIN_11     GPIO_BSRR_BS_11 /*! <Select pin 11 */
#define LL_GPIO_PIN_12     GPIO_BSRR_BS_12 /*! <Select pin 12 */
```

```
# define LL_GPIO_PIN_13     GPIO_BSRR_BS_13 / * ! <Select pin 13 * /
# define LL_GPIO_PIN_14     GPIO_BSRR_BS_14 / * ! <Select pin 14 * /
# define LL_GPIO_PIN_15     GPIO_BSRR_BS_15 / * ! <Select pin 15 * /
# define LL_GPIO_PULL_NO    (0x00000000U) / * ! <Select I/O no pull * /
# define LL_GPIO_PULL_UP    GPIO_PUPDR_PUPDR0_0 / * ! <Select I/O pull up * /
# define LL_GPIO_PULL_DOWN  GPIO_PUPDR_PUPDR0_1 / * Select I/O pull down * /
/ * *
    * @brief   Write a value in GPIO register
    * @param   __INSTANCE__ GPIO Instance
    * @param   __REG__ Register to be written
    * @param   __VALUE__ Value to be written in the register
    * @retval None
    * /
# define LL_GPIO_WriteReg(__INSTANCE__, __REG__, __VALUE__)  \ WRITE_REG(__INSTANCE
__ - >__REG__, (__VALUE__))
/ * *
    * @brief   Read a value in GPIO register
    * @param   __INSTANCE__ GPIO Instance
    * @param   __REG__ Register to be read
    * @retval Register value
    * /
# define LL_GPIO_ReadReg(__INSTANCE__, __REG__)  \ READ_REG(__INSTANCE__ - >__REG__)
/ * *
    * @brief   Configure gpio pull - up or pull - down for a dedicated pin on a
    * dedicated port.
    * @note   Warning:only one pin can be passed as parameter.
    * @rmtoll PUPDR          PUPDy          LL_GPIO_SetPinPull
    * @param   GPIOx GPIO Port
    * @param   Pin This parameter can be one of the following values:
    *          @arg @ref LL_GPIO_PIN_0
    *          @arg @ref LL_GPIO_PIN_1
    *          @arg @ref LL_GPIO_PIN_2
    *          @arg @ref LL_GPIO_PIN_3
    *          @arg @ref LL_GPIO_PIN_4
    *          @arg @ref LL_GPIO_PIN_5
    *          @arg @ref LL_GPIO_PIN_6
    *          @arg @ref LL_GPIO_PIN_7
    *          @arg @ref LL_GPIO_PIN_8
    *          @arg @ref LL_GPIO_PIN_9
    *          @arg @ref LL_GPIO_PIN_10
    *          @arg @ref LL_GPIO_PIN_11
    *          @arg @ref LL_GPIO_PIN_12
```

```
*          @arg @ref LL_GPIO_PIN_13
*          @arg @ref LL_GPIO_PIN_14
*          @arg @ref LL_GPIO_PIN_15
* @param   Pull This parameter can be one of the following values：
*          @arg @ref LL_GPIO_PULL_NO
*          @arg @ref LL_GPIO_PULL_UP
*          @arg @ref LL_GPIO_PULL_DOWN
*/
__STATIC_INLINE void LL_GPIO_SetPinPull(GPIO_TypeDef * GPIOx, uint32_t Pin, uint32_t
Pull)
{
    MODIFY_REG(GPIOx － ＞PUPDR, (GPIO_PUPDR_PUPDR0＜＜(POSITION_VAL(Pin) * 2U)),
(Pull＜＜(POSITION_VAL(Pin) * 2U)));
}
__STATIC_INLINE uint32_t LL_GPIO_GetPinPull(GPIO_TypeDef * GPIOx, uint32_t Pin)
{
    return (uint32_t)(READ_BIT(GPIOx － ＞PUPDR,(GPIO_PUPDR_PUPDR0＜＜(POSITION_VAL
(Pin) * 2U)))＞＞(POSITION_VAL(Pin) * 2U));
}
__STATIC_INLINE void LL_GPIO_SetOutputPin(GPIO_TypeDef * GPIOx, uint32_t PinMask)
{
    WRITE_REG(GPIOx － ＞BSRR, PinMask);
}
__STATIC_INLINE void LL_GPIO_ResetOutputPin(GPIO_TypeDef * GPIOx, uint32_t PinMask)
{
    WRITE_REG(GPIOx － ＞BRR, PinMask);
}
__STATIC_INLINE void LL_GPIO_TogglePin(GPIO_TypeDef * GPIOx, uint32_t PinMask)
{
    WRITE_REG(GPIOx － ＞ODR, READ_REG(GPIOx － ＞ODR) ^ PinMask);
}
```

ST 提供的 HAL 库：stm32f3xx_hal_gpio.c 文件（节录）。

```
/**
  * @file    stm32f3xx_hal_gpio.c
  * @author  MCD Application Team
  * @brief   GPIO HAL module driver.
  *          This file provides firmware functions to manage the following
  *          functionalities of the General Purpose Input/Output (GPIO) peripheral：
  *           + Initialization and de － initialization functions
  *           + IO operation functions
                # # # # # GPIO Peripheral features # # # # #
```

[..]
  (+) Each port bit of the general – purpose I/O (GPIO) ports can be individually
      configured by software in several modes:
      (+ +) Input mode
      (+ +) Analog mode
      (+ +) Output mode
      (+ +) Alternate function mode
      (+ +) External interrupt/event lines
  (+) During and just after reset, the alternate functions and external interrupt
      lines are not active and the I/O ports are configured in input floating mode.
  (+) All GPIO pins have weak internal pull – up and pull – down resistors, which can
      be activated or not.
  (+) In Output or Alternate mode, each IO can be configured on open – drain or push –
      pull type and the IO speed can be selected depending on the VDD value.
  (+) The microcontroller IO pins are connected to onboard peripherals/modules
      through a multiplexer that allows only one peripheral alternate function (AF)
      connected to an IO pin at a time. In this way, there can be no conflict between
      peripherals sharing the same IO pin.
  (+) All ports have external interrupt/event capability. To use external interrupt
      lines, the port must be configured in input mode. All available GPIO pins are
      connected to the 16 external interrupt/event lines from EXTI0 to EXTI15.
  (+) The external interrupt/event controller consists of up to 23 edge detectors
      (16 lines are connected to GPIO) for generating event/interrupt requests
      (each input line can be independently configured to select the type (interrupt
      or event) and the corresponding trigger event (rising or falling or both).
      Each line can also be masked independently.
             ##### How to use this driver #####
[..]
  (#) Enable the GPIO AHB clock using the following function: __HAL_RCC_GPIOx_CLK_
      ENABLE().
  (#) Configure the GPIO pin(s) using HAL_GPIO_Init().
      (+ +) Configure the IO mode using "Mode" member from GPIO_InitTypeDef struc-
          ture
      (+ +) Activate Pull – up, Pull – down resistor using "Pull" member from GPIO_
          InitTypeDef structure.
      (+ +) In case of Output or alternate function mode selection:the speed is con-
          figured through "Speed" member from GPIO_InitTypeDef structure.
      (+ +) In alternate mode is selection, the alternate function connected to the
          IO is configured through "Alternate" member from GPIO_ InitTypeDef
          structure.
      (+ +) Analog mode is required when a pin is to be used as ADC channel or DAC
          output.

```
          ( + + ) In case of external interrupt/event selection the "Mode" member from
              GPIO_InitTypeDef structure select the type (interrupt or event) and the
              corresponding trigger event (rising or falling or both).
      ( # ) In case of external interrupt/event mode selection, configure NVIC IRQ priori-
          ty mapped to the EXTI line using HAL_NVIC_SetPriority() and enable it using
          HAL_NVIC_EnableIRQ().
      ( # ) To get the level of a pin configured in input mode use HAL_GPIO_ReadPin().
      ( # ) To set/reset the level of a pin configured in output mode use HAL_GPIO_WritePin
          ()/HAL_GPIO_TogglePin().
      ( # ) To lock pin configuration until next reset use HAL_GPIO_LockPin().
      ( # ) During and just after reset, the alternate functions are not active and the
          GPIO pins are configured in input floating mode (except JTAG pins).
      ( # ) The LSE oscillator pins OSC32_IN and OSC32_OUT can be used as general purpose
          (PC14 and PC15U, respectively) when the LSE oscillator is off. The LSE has pri-
          ority over the GPIO function.
      ( # ) The HSE oscillator pins OSC_IN/OSC_OUT can be used as general purpose PF0 and
          PF1, respectively, when the HSE oscillator is off. The HSE has priority over
          the GPIO function.
  * /
/ * Includes ------------------------------------------------ * /
# include "stm32f3xx_hal.h"
# ifdef HAL_GPIO_MODULE_ENABLED
# define GPIO_MODE            (0x00000003U)
# define EXTI_MODE            (0x10000000U)
# define GPIO_MODE_IT         (0x00010000U)
# define GPIO_MODE_EVT        (0x00020000U)
# define RISING_EDGE          (0x00100000U)
# define FALLING_EDGE         (0x00200000U)
# define GPIO_OUTPUT_TYPE     (0x00000010U)
# define GPIO_NUMBER          (16U)
/ * *
  * @brief  Initialize the GPIOx peripheral according to the specified parameters
  * in the GPIO_Init.
  * @param  GPIOx where x can be (A..F) to select the GPIO peripheral for STM32F3
  * family devices
  * @param  GPIO_Init pointer to a GPIO_InitTypeDef structure that contains
  *         the configuration information for the specified GPIO peripheral.
  * /
void HAL_GPIO_Init(GPIO_TypeDef   * GPIOx, GPIO_InitTypeDef * GPIO_Init)
{
    uint32_t position = 0x00U;
    uint32_t iocurrent = 0x00U;
```

```
uint32_t temp = 0x00U;
/ * Check the parameters * /
assert_param(IS_GPIO_ALL_INSTANCE(GPIOx));
assert_param(IS_GPIO_PIN(GPIO_Init->Pin));
assert_param(IS_GPIO_MODE(GPIO_Init->Mode));
assert_param(IS_GPIO_PULL(GPIO_Init->Pull));
/ * Configure the port pins * /
while ((((GPIO_Init->Pin)>>position) ! = RESET)
{
    / * Get current io position * /
    iocurrent = (GPIO_Init->Pin) & (1U<<position);
    if(iocurrent)
    {
        / * ----------- GPIO Mode Configuration ------------ * /
        / * In case of Alternate function mode selection * /
        if((GPIO_Init->Mode = = GPIO_MODE_AF_PP) || (GPIO_Init->Mode = =
GPIO_MODE_AF_OD))
        {
            / * Check the Alternate function parameters * /
            assert_param(IS_GPIO_AF_INSTANCE(GPIOx));
            assert_param(IS_GPIO_AF(GPIO_Init->Alternate));
            / * Configure Alternate function mapped with the current IO * /
            temp = GPIOx->AFR[position>>3];
            temp & = ~(0xFU<<(((uint32_t)(position & 0x07U) * 4U));
            temp | = ((uint32_t)(GPIO_Init->Alternate)<<(((uint32_t)posi-
tion & 0x07U) * 4U));
            GPIOx->AFR[position>>3] = temp;
        }
        / * Configure IO Direction mode (Input, Output, Alternate or Analog) * /
        temp = GPIOx->MODER;
        temp & = ~(GPIO_MODER_MODER0<<(position * 2U));
        temp | = ((GPIO_Init->Mode & GPIO_MODE)<<(position * 2U));
        GPIOx->MODER = temp;
        / * In case of Output or Alternate function mode selection * /
        if((GPIO_Init->Mode = = GPIO_MODE_OUTPUT_PP) || (GPIO_Init->Mode =
= GPIO_MODE_AF_PP) || (GPIO_Init->Mode = = GPIO_MODE_OUTPUT_OD) || (GPIO_Init->Mode
= = GPIO_MODE_AF_OD))
        {
            / * Check the Speed parameter * /
            assert_param(IS_GPIO_SPEED(GPIO_Init->Speed));
            / * Configure the IO Speed * /
            temp = GPIOx->OSPEEDR;
```

```
        temp & = ~(GPIO_OSPEEDER_OSPEEDR0<<(position * 2U));
        temp | = (GPIO_Init->Speed<<(position * 2U));
        GPIOx->OSPEEDR = temp;
        /* Configure the IO Output Type */
        temp = GPIOx->OTYPER;
        temp & = ~(GPIO_OTYPER_OT_0<<position);
        temp | = ((((GPIO_Init->Mode & GPIO_OUTPUT_TYPE)>>4U)<<position);
        GPIOx->OTYPER = temp;
}
/* Activate the Pull-up or Pull down resistor for the current IO */
temp = GPIOx->PUPDR;
temp & = ~(GPIO_PUPDR_PUPDR0<<(position * 2U));
temp | = ((GPIO_Init->Pull)<<(position * 2U));
GPIOx->PUPDR = temp;
/* ----------- EXTI Mode Configuration ------------- */
/* Configure the External Interrupt or event for the current IO */
if((GPIO_Init->Mode & EXTI_MODE) = = EXTI_MODE)
{
        /* Enable SYSCFG Clock */
        __HAL_RCC_SYSCFG_CLK_ENABLE();
        temp = SYSCFG->EXTICR[position>>2];
        temp & = ~((0x0FU)<<(4U * (position & 0x03U)));
        temp | = (GPIO_GET_INDEX(GPIOx)<<(4U * (position & 0x03U)));
        SYSCFG->EXTICR[position>>2] = temp;
        /* Clear EXTI line configuration */
        temp = EXTI->IMR;
        temp & = ~((uint32_t)iocurrent);
        if((GPIO_Init->Mode & GPIO_MODE_IT) = = GPIO_MODE_IT)
        {
            temp | = iocurrent;
        }
        EXTI->IMR = temp;
        temp = EXTI->EMR;
        temp & = ~((uint32_t)iocurrent);
        if((GPIO_Init->Mode & GPIO_MODE_EVT) = = GPIO_MODE_EVT)
        {
            temp | = iocurrent;
        }
        EXTI->EMR = temp;
        /* Clear Rising Falling edge configuration */
        temp = EXTI->RTSR;
        temp & = ~((uint32_t)iocurrent);
```

```
            if((GPIO_Init->Mode & RISING_EDGE) = = RISING_EDGE)
            {
                temp | = iocurrent;
            }
            EXTI->RTSR = temp;
            temp = EXTI->FTSR;
            temp &= ~((uint32_t)iocurrent);
            if((GPIO_Init->Mode & FALLING_EDGE) = = FALLING_EDGE)
            {
                temp | = iocurrent;
            }
            EXTI->FTSR = temp;
        }
    }
    position + + ;
    }
}
/ * *
    * @brief   Read the specified input port pin.
    * @param   GPIOx where x can be (A..F) to select the GPIO peripheral for STM32F3 family
    * @param   GPIO_Pin specifies the port bit to read.
    *          This parameter can be GPIO_PIN_x where x can be (0..15).
    * @retval The input port pin value.
    * /
GPIO_PinState HAL_GPIO_ReadPin(GPIO_TypeDef * GPIOx, uint16_t GPIO_Pin)
{
    GPIO_PinState bitstatus;
    / * Check the parameters * /
    assert_param(IS_GPIO_PIN(GPIO_Pin));
    if((GPIOx->IDR & GPIO_Pin) ! = (uint32_t)GPIO_PIN_RESET)
    {
        bitstatus = GPIO_PIN_SET;
    }
    else
    {
        bitstatus = GPIO_PIN_RESET;
    }
    return bitstatus;
}
/ * *
    * @brief   Set or clear the selected data port bit.
    *
```

```
 *  @note   This function uses GPIOx_BSRR and GPIOx_BRR registers to allow atomic
 *  read/modify
 *          accesses. In this way, there is no risk of an IRQ occurring between
 *          the read and the modify access.
 *
 *  @param   GPIOx where x can be (A..F) to select the GPIO peripheral for
 *  STM32F3 family
 *  @param   GPIO_Pin specifies the port bit to be written.
 *          This parameter can be one of GPIO_PIN_x where x can be (0..15).
 *  @param   PinState specifies the value to be written to the selected bit.
 *          This parameter can be one of the GPIO_PinState enum values:
 *              @arg GPIO_PIN_RESET:to clear the port pin
 *              @arg GPIO_PIN_SET:to set the port pin
 *  @retval None
 */
void HAL_GPIO_WritePin(GPIO_TypeDef * GPIOx, uint16_t GPIO_Pin, GPIO_PinState PinState)
{
    /* Check the parameters */
    assert_param(IS_GPIO_PIN(GPIO_Pin));
    assert_param(IS_GPIO_PIN_ACTION(PinState));
    if(PinState ! = GPIO_PIN_RESET)
    {
        GPIOx - >BSRR = (uint32_t)GPIO_Pin;
    }
    else
    {
        GPIOx - >BRR = (uint32_t)GPIO_Pin;
    }
}
/* *
 *  @brief   Toggle the specified GPIO pin.
 *  @param   GPIOx where x can be (A..F) to select the GPIO peripheral for
 *  STM32F3 family
 *  @param   GPIO_Pin specifies the pin to be toggled.
 *  @retval None
 */
void HAL_GPIO_TogglePin(GPIO_TypeDef * GPIOx, uint16_t GPIO_Pin)
{
    /* Check the parameters */
    assert_param(IS_GPIO_PIN(GPIO_Pin));
    GPIOx - >ODR ^ = GPIO_Pin;
```

```
}
/* *
 * @brief  Lock GPIO Pins configuration registers.
    * @note  The locked registers are GPIOx_MODER, GPIOx_OTYPER, GPIOx_OSPEEDR,
    *           GPIOx_PUPDR, GPIOx_AFRL and GPIOx_AFRH.
    * @note  The configuration of the locked GPIO pins can no longer be modified
    *           until the next reset.
    * @param  GPIOx where x can be (A..F) to select the GPIO peripheral for
    * STM32F3 family
    * @param  GPIO_Pin specifies the port bits to be locked.
    *           This parameter can be any combination of GPIO_Pin_x where x can be (0..15).
    * @retval None
    */
HAL_StatusTypeDef HAL_GPIO_LockPin(GPIO_TypeDef * GPIOx, uint16_t GPIO_Pin)
{
    __IO uint32_t tmp = GPIO_LCKR_LCKK;
    /* Check the parameters */
    assert_param(IS_GPIO_LOCK_INSTANCE(GPIOx));
    assert_param(IS_GPIO_PIN(GPIO_Pin));
    /* Apply lock key write sequence */
    tmp |= GPIO_Pin;
    /* Set LCKx bit(s):LCKK = '1' + LCK[15U - 0] */
    GPIOx - >LCKR = tmp;
    /* Reset LCKx bit(s):LCKK = '0' + LCK[15U - 0] */
    GPIOx - >LCKR = GPIO_Pin;
    /* Set LCKx bit(s):LCKK = '1' + LCK[15U - 0] */
    GPIOx - >LCKR = tmp;
    /* Read LCKK bit */
    tmp = GPIOx - >LCKR;
    if((GPIOx - >LCKR & GPIO_LCKR_LCKK) ! = RESET)
    {
        return HAL_OK;
    }
    else
    {
        return HAL_ERROR;
    }
}
/* *
    * @brief  Handle EXTI interrupt request.
    * @param  GPIO_Pin Specifies the port pin connected to corresponding EXTI line.
    * @retval None
```

```
    */
void HAL_GPIO_EXTI_IRQHandler(uint16_t GPIO_Pin)
{
    /* EXTI line interrupt detected */
    if(__HAL_GPIO_EXTI_GET_IT(GPIO_Pin) ! = RESET)
    {
        __HAL_GPIO_EXTI_CLEAR_IT(GPIO_Pin);
        HAL_GPIO_EXTI_Callback(GPIO_Pin);
    }
}
/* *
    * @brief   EXTI line detection callback.
    * @param   GPIO_Pin Specifies the port pin connected to corresponding EXTI line.
    * @retval None
    */
__weak void HAL_GPIO_EXTI_Callback(uint16_t GPIO_Pin)
{
    /* Prevent unused argument(s) compilation warning */
    UNUSED(GPIO_Pin);
}
```

第 10 章

欲善其事,先利其器

程序员不要抢着去做——更适合机器做的事情。

大体上而言,编程是一件手工录入的脑力过程。虽然机器自动编程的理想尚难以实现,但这并不代表,一个好的程序员不应该善于利用现有工具。试想如果没有一个好的编辑环境,没有拷贝、粘贴命令,编程效率当然会大打折扣。

本章将要讲述编程中常用到的几件利器——编程辅助工具。

10.1   你的程序 lint-clean 了么?

PC-lint 手册宣布:"虽然大多数(优秀)程序员能识别这些错误,但这只限于很小的程序中。从成千上万行代码中找错误,这更适合机器来做而不是先生或女士"。

SUN 公司 C 专家 Peter Van Der Linden:"早用 lint,勤用 lint"。

C 语言的灵活性带来了代码效率的提升,相应地也带来了代码编写的随意性。代码中悄悄潜伏着各种各样的安全隐患。为了加深读者印象,举一些具体事项来说明 C 编译器的不足:

不能全局分析和综合检查整个工程(只能单个文件地检查)。

不进行类型转换检查。

不进行数组下标越界检验。

未被初始化的变量不做任何警告。

不警告使用空指针。

不警告冗余的变量、代码。

……

至于一些非语法错误,如 C 语言高级进阶一章中所述的缩进错误,条件判断中误把"＝＝"写作"＝"等等,C 编译器更是无能为力。而所有这些 lint 都可轻易检查出来。

本质上而言 lint 是程序代码静态检查分析工具。

lint 拥有更为严格的语法检查。而且,可以检查出大量潜在的不易觉察的错误,即便这些潜在的错误符合语法要求。这一点已经大大超出了普通编译器的能力范围。

　　UNIX 上早期的 C 语言,语言设计者做出了一个明确决定,把编译器中所有的语义检查措施都分离出来。错误检查由一个单独的程序完成,这个程序被称为 lint。把 lint 从 C 编译器中分离出来,编译器就能做得更小、编译速度更快,当然也减小了编写编译器程序员的工作量。但很不幸,所需付出的代价是:代码中悄悄混进了大量 Bug 和不可靠的编码风格。

　　今天,新的趋势是,许多 lint 程序中的检查措施又重新出现在编译器中。PC 上比较新的 C++ 编译器,如 VC++,即便不考虑其 C++ 面向对象的特征,仅从 C 语言角度来看,也增强了更加严格的语法分析。换句话说,新的 C++ 编译器能产生更多的警告。所以有些 C 程序员令自己的 C 程序还必须通过新的 C++ 编译器检查,从而减少潜在的错误使程序更加健壮。

　　PC-lint 作者自豪地宣称:虽然当今编译技术已进化了很多,但其能找出的错误,10 年前 lint 就做到了。lint 也继续发展着,一个粗略的统计表明:1985 年时 PC-lint 仅有 27 个警告和 9 个提示,现今已增长到 229 个警告和 162 个提示。

　　lint 能够在程序动态测试之前发现程序隐藏错误,提高代码质量,节省测试时间。并提供编码规则检查,规范软件人员的编码行为。编码时必须极为小心翼翼才有可能不被 lint 警告。软件工程的实践经验不断证明:软件除错是软件项目开发成本和延误的主要因素之一。越在开发阶段的早期发现 Bug,修补所付出的代价就越小,所以不要怕编译时多做一次 lint 的麻烦。

　　程序能安全通过 lint 的检查称为 lint-clean。SUN 公司的 SUNOS 操作系统开发小组的自豪是:花费了许多心血才使程序内核 lint-clean,并一直保持着这方面的成就。

　　编写可靠的代码,这对嵌入式开发非常重要,而熟练掌握 lint 这个工具将大有裨益。程序员应该经常问自己的一句话:我的程序 lint-clean 了吗?

10.1.1　PC-lint

　　早先的 lint 都是 UNIX 版本,随编译器附带。一个适合 PC 机上运行的版本是 PC-lint。

　　PC-lint 由 Gimpel Software 公司出品,是一款国外很多程序员都在用的编程工具,在全球拥有广泛的客户群。PC-lint 使用方法很简单,一般用命令行方式进行,也可以集成到开发环境中,如 Keil、Source Insight 等。

　　PC-lint 将检查出的问题分成三个级别:错误(error),警告(warn)和提示(information)。

错误的级别最高,可看作致命性的,表示程序无法通过编译,不能生成最终的二进制文件。

警告表示程序有不规范之处,有容易引起错误之处,但可以生成最终的二进制文件。错误与警告的意思与普通 C 语言编译器大致相同。

提示可看成轻微的警告,级别最低。

从符合增量编程的角度出发,一般先令程序能通过编译器(比如 Keil 或 CCS 编译器),然后再进行 lint。这样程序基本上就没有了错误,用户接触到的大都是警告和提示。本章不加区别的把警告和提示通称为警告。

以下讲述 PC-lint 命令行方式使用方法:

常用到的命令文件是批处理文件 lin.bat。命令选项超过三百个,不过一般能用到只是很小一部分。表 10.1 是一些简单常用的命令选项。PC-lint 中文件与模块的意思大致相同。

表 10.1 lint 命令选项

命令选项	意 义
-u	单个模块(即单个文件)检查,抑止多个模块(文件)间的警告
-os(filename)	输出 lint 结果到文件 filename,确保-os 参数在要被 lint 的文件之前,否则会丢失信息
-e#	禁止输出警告号为#的消息,#代表数字
-idirectory	指定包含文件的路径,directory 代表路径
+rw(word)	增加保留字 word,可以使用此选项让 PC-lint 忽略该字。否则,PC-lint 会无法正确分析
-efunc(#,Symbol)	对于函数 Symbol,禁止输出警告号为#的消息
-esym(#,Symbol)	对于指定的符号 Symbol(如变量名),禁止输出警告号为#的消息

按照选项和程序源文件名所在地方不同,批处理文件 lin.bat 通常有三种用法。

1. 选项和程序源文件名都在命令行

在 DOS 命令行中敲入:

lin 选项 1 选项 2 …… 文件 1 文件 2 ……

2. 选项在程序源文件中,程序源文件名在命令行

在程序源文件中,添加注释行:

//lint 选项 1 选项 2 ……   或者
/*lint 选项 1 选项 2 …… */

注意:注释行中的 lint 一定要小写。

在 DOS 命令行中敲入:

lin 文件 1 文件 2 ……

3. 选项和程序源文件名存储在以 **.lnt** 后缀结尾的文本文件中

新建一个以. lnt 为后缀的文本文件,把所有的选项和文件名都放到此文件中。

在 DOS 命令行中敲入:

lin 文本文件. lnt

注意:由于批处理文件 lin. bat 默认先搜索. lnt 文件,所以命令行中可以省略后缀. lnt。

10.1.2 一个小例子

兹举一个简单的例子来说明 PC-lint 用法。假定新建的工程仅由两个文件构成:a. c 和 b. c。把这两个文件都拷贝到 PC-lint 的安装目录下。

例 1:

a. c 文件

```
int f(int a);
void main()
{
    static int b;              //静态变量 b 没有明确初始化
    b = f(b);
}
```

b. c 文件

```
 int f(int tmp)
{
    tmp + + ;
    return tmp;
}
```

静态变量没有明确初始化时会产生编号为 727 的警告,禁止此警告需设置选项 —e727。打开 windows 附件中自带的 MS—DOS(WIN2000 以上称为命令提示符)。首先对每个文件进行单独测试,需设置—u 选项。以 a. c 文件为例来进行说明。

测试单个文件的三种用法如下:

(1) 如图 10.1 所示,在 MS-DOS 命令行中敲入 lin -e727 -u a. c。

(2) 在程序源文件 a. c 中,添加注释行:

ARM与DSP硬件特色和编程指南

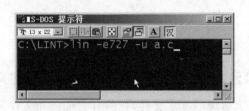

图 10.1　DOS 命令行使用方式

```
//lint - e727  - u
```

在 MS-DOS 命令行中敲入: lin　a.c。

(3) 新建一文本文件 test. lnt,把所有的选项和文件名都放到 test. lnt 中。

test. lnt 文本文件内容为:

```
- e727
- u
a.c
```

在 MS-DOS 命令行中敲入: lin　test. lnt

以同样的步骤,测试 b.c 文件。每个单独文件都通过测试后,进入最后一步——整个工程测试,此时就不再需要一u 选项了。

不避重复,这里仍给出测试整个工程的三种用法:

(1) 在 MS-DOS 命令行中敲入 lin -e727　a.c　b.c。

(2) 在程序源文件 a.c 中,添加注释行:

```
//lint - e727
```

在 MS-DOS 命令行中敲入: lin　a.c　b.c

(3) 新建一文本文件 test. lnt,把所有的选项和文件名都可放到 test. lnt 中。

test. lnt 文本文件内容:

```
- e727
a.c  b.c
```

在 MS-DOS 命令行中敲入: lin　test. lnt

用. lnt 文件是最灵活、简洁的一种方法,实际使用中多采用此法。

下面让我们再稍稍前进一小步。

假设 a.c 和 b.c 不在 PC-lint 的安装目录下,而是放置在目录 C:\TIC2XX\myprojects 下。可设置选项-iC:\TIC2XX\myprojects。lint 的结果显示在黑底白字的 MS-DOS 屏幕上,设置选项-os(test. out),就能把 lint 的结果输出到 test. out 文件中。

test. lnt 设置情况如图 10.2 所示。

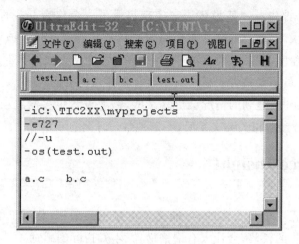

图 10.2　test. lnt 设置

输出结果 test. out 是文本文件,可用文本编辑器 UltraEdit 或记事本打开。

如果在图 10.2 的配置中去掉-e727 选项,输出结果如图 10.3 所示。读者可看到文件 a. c 中变量 b 没有被明确初始化,从而产生 727 警告;文件 b. c 没有产生任何警告。

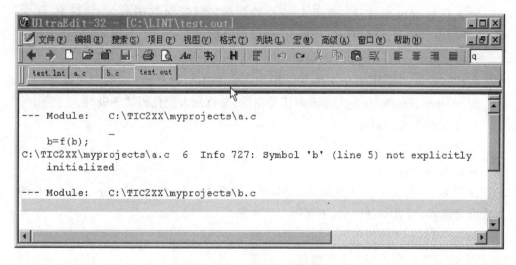

图 10.3　输出 727 警告

10.1.3　lint 小结

前面讲述了 lint 的意义和一些简单用法。严格来说,lint 已经不属于 C 编程的范畴,但本书仍花费了一定篇幅来讲解 lint,以期引起程序员的重视:保持程序 lint-clean。

ARM与DSP硬件特色和编程指南

前贝尔研发部实验室成员，ISO/ANSI C＋＋委员会创立委员 ANDREW KOE-NIG 先生，一再谆谆告诫："某些 C 语言实现提供了一个称为 lint 的程序，可以捕获到大量的此类错误，但遗憾的是并非全部的 C 语言实现都提供了该程序。如果能够找到诸如 lint 的程序，就一定要善加利用，这一点无论怎么强调都不为过。"

不是么，程序员不要抢着去做——更适合机器做的事情。

实际应用 lint 时，遇到的情况会更复杂些，需要设置更多的选项（笔者设置了近 1 页），请读者学习参考相关英文手册，不断地学习才是进步的动力之源。

10. 2　Source Insight

相信大多数程序员最头疼的，可能又不可避免的工作，莫过于维护和学习别人的代码。浏览冗长的代码，会让人有懵懵懂懂、不知边际的感觉。

用 Source Insight 来做源代码浏览，最恰当不过。Source Insight 的函数树窗口能一下把握住代码的整体架构；快速地跳转到定义处（包括函数定义）、多窗口显示能自如浏览代码。

Source Insight 是最好的源代码浏览和分析专业工具之一，Source Dynamics 公司出品。

Source Insight 中符号（symbol）概念的外延（范围）包括函数名、变量名、宏名等，以下的内容将多处使用到符号概念，请读者熟记。

严格地说，Source Insight 的编辑功能十分强大，比如自动嵌入功能（自动弹出符号的提示），丰富的语法加亮功能等。用户用它来编辑源代码，也是一项很好的选择。但 Source Insight 最为人称道的还是浏览、分析别人的代码效率极高：

➤ 丰富的多窗口显示。

➤ 快速跳转到定义处。

➤ 函数树窗口。

使用 Source Insight，首先新建工程，单击菜单 Project/New Project，添加工程的方法非常简单，读者一试便知，不赘述。

Source Insight 的使用界面如图 10.4 所示。

图 10.4 中标明了四个工作窗口：

➤ 主窗口，显示一个文件的源代码，是编辑和浏览代码的主要窗口。

➤ 符号窗口，显示主窗口中定义的所有符号。

➤ 上下文窗口，若主窗口中光标所在处是被引用的符号，上下文窗口里显示其定义。图 10.4 中，光标所在处是 init_device() 函数，所以上下文窗口中显示了函数的定义。

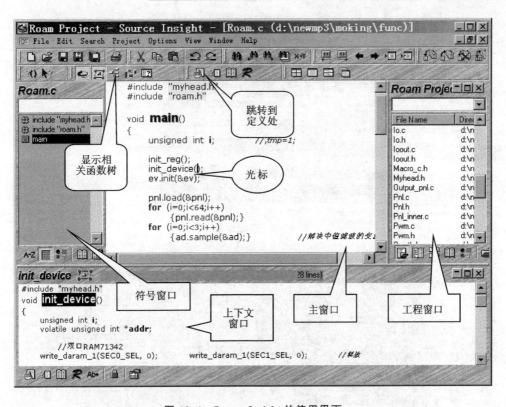

图 10.4　Source Insight 的使用界面

➢ 工程窗口，显示构成工程的文件列表。

Source Insight 的多窗口协同工作模式，十分方便用户浏览和分析源代码。

图 10.4 还标明了工具栏上两个比较重要的按钮：

（1）跳转到定义处。若光标所在处是被引用的符号，单击按钮，主窗口迅速显示其定义，方便用户浏览代码。

（2）显示相关函数树。单击按钮，打开函数树窗口。若光标所在处是函数名，函数树窗口会生成带有层次的函数树，显示函数由哪些相关函数构成。通过这项功能，用户可从总体上把握函数结构。以下详细说明此项功能。

首先打开函数树窗口，将光标插入图 10.4 主窗口的字符"main()"中。图 10.5 清楚显示出 main()函数由 4 个函数组成，其中 output_pnl()函数又由 3 个函数组成，整个层次关系一目了然。

图 10.5 设置显示的扩展级数为两级，所以只能显示两级函数树。如果想要显示更多级数的函数树，单击图 10.5 的"属性设置"按钮，弹出对话框如图 10.6 所示，图中标识处可设置扩展级数。

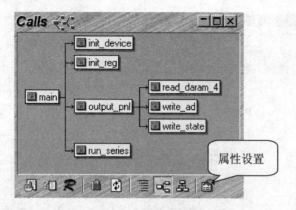

图 10.5　函数树窗口

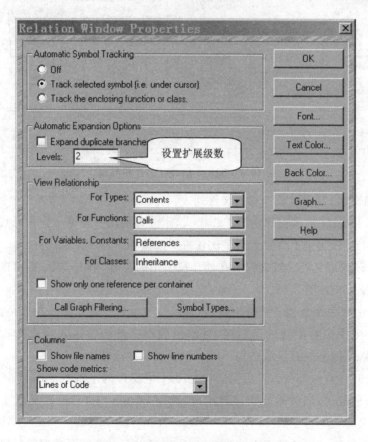

图 10.6　函数树窗口的属性设置

10.3　MATLAB

MATLAB,一门高度集成的交互式计算机语言,美国 MathWorks 公司出品。

MATLAB 提供了数学运算能力、仿真功能和高质量的可视化绘图,功能强大又极其方便。MATLAB 将使用者从烦琐的底层编程中解放出来,大大提高解决问题的效率,学习数字信号处理和电机控制的人几乎都十分熟悉 MATLAB。笔者最早接触的是 MATLAB 5.2 版,用其编写程序、仿真、编写 s-function 等,深感其好学易用。

笔者建议读者都应该学习并掌握好 MATLAB,但本书显然不是教学 MATLAB 的好场所。

传统上 MATLAB 只是用来做数学运算和仿真,很少跟微控制器编程相挂钩。本节只打算花很小的篇幅,演示一下 MATLAB 对 C 语言编程中比较有用的功能——多项式拟合,以期引起读者进一步学习的兴趣。

理论上而言,绝大多数常见函数都可以用多项式来做无限逼近。多项式拟合函数 ployfit(),从最小二乘法的意义上,能拟合出所给数据的多项式系数。多项式拟合函数 ployfit() 的调用形式为:

$$p = poly(x, y, n)$$

其中,x 和 y 分别为已知数据的横坐标和纵坐标向量,n 为多项式的阶数,阶数越高拟合的精度越高。兹举两例:

例 2:

用四阶多项式拟合正弦函数,自变量取值范围 $[0, \pi]$。

源程序和结果如图 10.7 所示。

图 10.7 中的 p 向量值代表多项式的系数,显示的阶数是由高到低排列,即:

$$\sin x = 0.0013 + 0.9826x + 0.0545x^2 - 0.2338x^3 + 0.0372x^4$$

若 MATLAB 的数据格式设置成精度更高的 long 型,多项式的系数精度会更高,比如 x^2 项系数的更高精度表示是 0.0544694。

注:TI 公司的一款定点 DSP 数学函数库中,运用泰勒展开求正弦时,给出的 $[0, \pi]$ 范围的归一化公式为:

$$\sin x = 0.0013 + 0.9826x + 0.0544x^2 - 0.2338x^3 + 0.0372x^4$$

很明显,其中 x^2 项前的系数如果变成上述的 0.0545,精度会更高点。

例 3:

拟合一个开方根函数,方便 C 语言编程。自变量取值范围 $[20,100]$,要求精度误差小于 1。

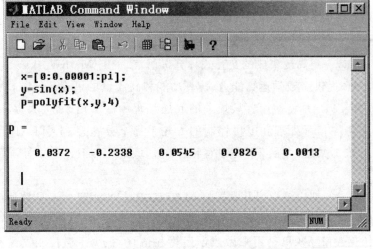

图 10.7 四阶多项式拟合正弦函数

先试用一阶多项式拟合,读者可自行推导,列出结果如下:

$$\sqrt{x} = 3.5630 + 0.0671x \qquad x \in [\,20, 100\,]$$

从图 10.8 中可清楚看出,拟合误差不超过 1。

这样就可以用一个 C 语言能实现的乘法和加法,在一定取值范围内,代替开平方根运算了。

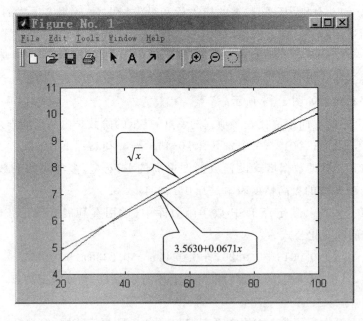

图 10.8 拟合开方根函数

10.4　智能源码统计专家

　　程序员编写了大堆的代码，当别人问起：你的源代码有多少行时，相信很多的程序员会不知该如何回答。

　　智能源码统计专家，一款由国内程序员梁盛出品的免费软件，该软件是绿色软件，无须安装，可直接运行。

　　该软件可以对多种语言（当然包括了 C 语言和汇编语言）的程序源代码进行详细统计，可以准确分析出程序中代码行、注释行、空白行的行数。该软件使用方法非常简单。

　　首先单击工具栏上的"文件选择"按钮，选取需要统计的文件，或者单击工具栏上的"目录选择"按钮，选取需要统计的目录下的所有文件。接下来单击工具栏上的"开始统计"按钮，可清楚地显示出程序源代码的各种详细统计了，如图 10.9 所示。

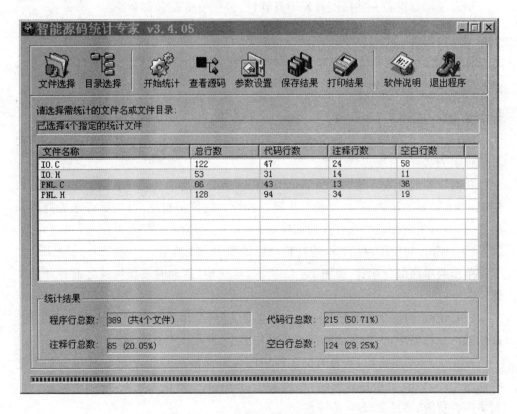

图 10.9　文件源代码统计分析结果

如果想保存统计分析结果,可选择工具栏上的"保存结果"按钮,有多种文件格式可供选择,默认的超文本 html 格式十分简洁漂亮,如图 10.10 所示。

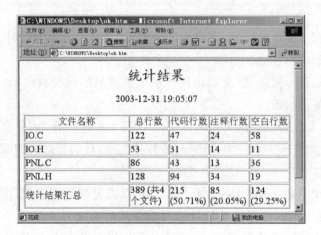

图 10.10　以 html 格式保存的统计结果

笔者很愿意推荐一些国产开发工具软件,只可惜市面上太少了。

10.5　UltraEdit

UltraEdit 是一款在程序员中应用广泛、功能强大的文本编辑器,可以编辑文字、程序源代码,甚至二进制代码。

UltraEdit 的功能相对于 Source Insight 并不是很强大,但是小巧好用——即使开启很多的文件,速度仍然飞快。

相对于集成开发环境的编辑器,UltraEdit 有许多令人称道的优势:更多的编辑功能,如无限制的还原、彩色突显//注释、显示行号、修剪行尾空格、更好地支持列块模式、启动时重新加载之前打开的文件等。

UltraEdit 的使用界面和一些特色功能如图 10.11 所示。

单击菜单高级→配置,如图 10.12 所示,可选中"启动时重新加载之前打开的文件" 选项功能。

UltraEdit 的汉化作者把 Project 翻译成了项目,用法等同于编译器中的工程。这款软件比较简单,大多数功能读者可轻松上手,此处不赘述。

UltraEdit 简单易用,笔者的很多程序源代码都是在 UltraEdit 上完成。如果笔者能给 UltraEdit 有所建议的话,希望 UltraEdit 不要做得太庞大,以至于软件占用太多内存资源、速度变慢。

图 10.11　UltraEdit 的使用界面

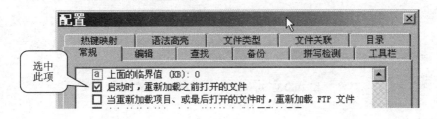

图 10.12　启动时重新加载之前打开的文件

10.6　Beyond Compare

Beyond Compare 是由 Scooter Software 推出的一个综合的比对工具，可以用来对比文本、Word、Excel、Html、MP3、十六进制等多种文件，功能强大。这里只讲它的代码比对功能。

对程序员而言，Beyond Compare 最大的用途是比对新代码和老代码，或不同版本的代码，修改了什么，方便进一步定位是否这些修改的代码引发了新的 Bug。

Beyond Compare 包含了许多文件和文件夹命令动作，帮助分析老版代码和新版代码的改动/差异之处。

Beyond Compare 的主界面如图 10.13 所示，常用的功能是文件夹比较和文本比较，如图 10.14 和图 10.15 所示。

其中，颜色不同表示有差异，蓝色代表注释有差异，红色表示代码有差异。

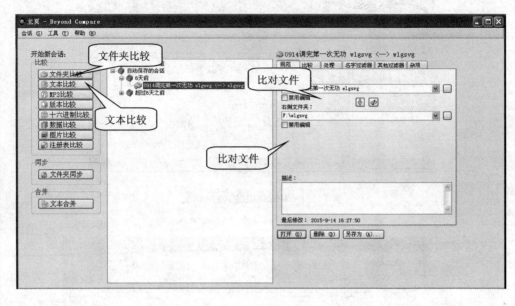

图 10.13 Beyond Compare 的使用界面

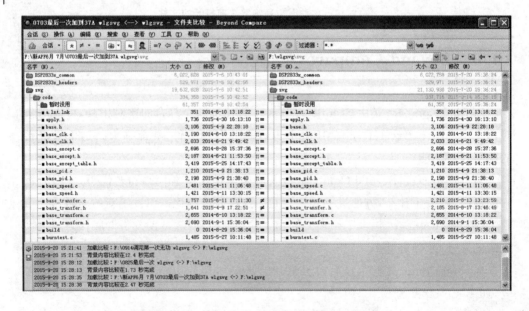

图 10.14 Beyond Compare 的文件夹比较界面

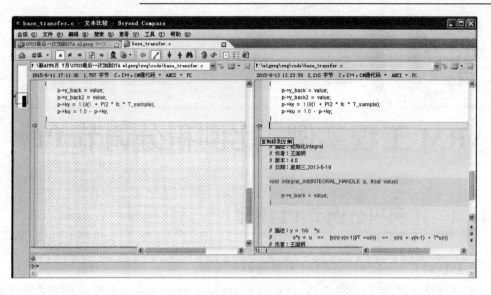

图 10.15　Beyond Compare 的文本比较界面

10.7　小　结

本章共介绍了几件笔者经常用到的编程利器。

市场上可供选择的同类产品当然有很多，比如 lint 的同类产品有 CodeWizard，UltraEdit 的同类产品有 EditPlus，还有更多的工具笔者也没介绍到，比如多人开发时要用到版本控制工具 GIT 等。读者可在实际应用中，按需选用这些工具软件。

编程不用编程工具，如同砍柴不用磨刀石，事倍而功半。

很多程序员常忽略工具的重要性，笔者的主要目的是唤起读者足够的重视：善用工具，事半功倍。

10.8　习　题

（1）PC-lint 禁止输出警告号命令是什么？

（2）运用 MATLAB，用 C 语言编写一个对数函数 ln 多项式拟合，取值范围 [1,65535]，误差不超过 1？

（3）相对系统集成开发工具，UltraEdit 编辑器还有哪些更强的优势？

（4）如果文件内容没修改，只是文件的保存时间更改了，如何禁止 Beyond Compare 显示有变化？

（5）拓展一下思维，如何看待软件工具？喜欢集成一体的，还是各自独立的？

第 **11** 章

ARM 工程实例：比例积分调节 PI

11.1 比例积分调节 PI 原理

PID 调节器是比例 P、积分 I 和微分 D 的简写。

PID 调节器，原理简单易用，鲁棒性强，可用工程法评估稳定裕量和响应速度。小到电机控制，大到火箭控制，PID 调节器在工程控制应用的各个方面大显身手。

反观很多其他的现代控制方法，复杂难用，无法用工程法评估稳定裕量和响应速度。

多数学科的理论起源于实践，但很多学科最终纯数学化（或理论化）——和实践脱节。

因为 PID 理论已经研究透彻，PID 小改进的算法论文是不能在高影响的因子杂志发表的，理论界早已没人关注。当然也可以美其名曰，理论要超前实践。作者对这种脱离实践的工科教育持保留态度：理论固然要超前实践，但发表高深莫测不知所云的理论论文和职称奖励挂钩，恐怕才是目前现状的原因，工科不是理科，工科还是应该理论联系实践。

1. PID 参数的调试

PID 可调参数只有三个，绝大部分应用工程师都是现场调节参数的试验方法。但不是所有应用都允许现场调节参数，或者刚开始设置一个发散参数会让设备承受比较大的冲击，或者调试者在开始时会很疑虑：是算法不行还是参数调节的不行。

参数确定还是应该采用理论计算＋试验确定的方法。

早期 PID 参数的计算常采用简化模型的工程调节法，有些实用些的老教科书还是如此编写。

➤ 建立各个部件的线性模型。

➤ 在一些条件限制下，通过分子项和分母项对消、两个小惯性环节简化成一个大惯性环节等方法，即把整个系统简化成一型或二型系统。

➤ 不同参数和响应速度与稳定性的关系，在一型或二型系统已经研究的很透
彻。据此可以得到 PID 参数。

随着计算机仿真的兴起，完全可以采用 PID 参数的计算仿真。

➤ 建立各个部件的线性模型。

➤ 无须简化线性系统。

➤ 直接用 MATLAB 建模，调用 BODE 图生成工具，带入不同参数，留有适当相
角裕量即可。且能直观地看到响应曲线和响应速度。

2. PI 传递函数

由于微分 D 对输入参数的波动很敏感，实际使用时往往只使用 PI 调节器，所以
本章主要讲述 PI 调节器。

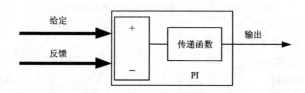

图 11.1　PI 算法框图

我们采用的 PI 传递函数如下：

$$Kp(\tau * s + 1)/(\tau * s)$$

在教科书中，该传递函数广为应用，好处是在工程调节法中容易实现其分子项
和控制对象的分母项对消。

其等同变形公式为：

$$Kp + Kp * Ki/s = Kp(1 + Ki/s)$$

该传递函数的坏处是积分项有耦合，比例参数 Kp 和积分参数 Ki 都能影响积
分项。

11.2　PI 代码实现

以下代码适合浮点 ARM 处理器，即适合 ST 公司 F3 系列及以上。

PID.h 文件

```
//以下是引用示例：声明对象、外部引用对象、引用函数
//     PID pid = PID_DEFAULTS;
//     extern PID pid;
//描述：头文件。如何应用，结构定义等都在此
//作者：wlg
```

```
//版本：4.0
#ifndef __PID_H__
#define __PID_H__
typedef struct {
        //内部变量：
            float   err;        //Variable:Error
            float   up;         //Variable:Proportional output
            float   ui;//Variable:Integral output
            float   T_sample;
        //输入：
            float   kp;         //Parameter:Proportional gain
            float   KI;         //此积分系不考虑采样时间,算是临时输入变量
            float   ki;         //Parameter:Integral gain 此积分系数考虑了采样时间
            float   max;        //Parameter:Maximum output
            float   min;        //Parameter:Minimum output
        //输出：
        } PID;
#define PID_DEFAULTS { 0.0f,                \
                       0.0f,                \
                       0.0f,                \
                       0.001f,              \
                                            \
                       0.0f,                \
                       0.0f,                \
                       0.0f,                \
                       0.0f,                \
                       0.0f                 \
                     }
//声明对象内部函数
    void pid_init(PID * p, float kp, float ki, float reset, float max, float min, float T_
             sample);
    void pid_kpki(PID * p, float kp, float ki);
    void pid_reset(PID * p, float reset);
    void pid_limit(PID * p, float max, float min);
    float pid_func(PID * p, float T_sample, float ref, float feed);
#endif  //__PID_H__
```

PID.c 文件

```
#include "pid.h"
//描述：PID 的初始化
//比例环节 kp,积分环节 ki,限幅最大值,限幅最小值,采样时间或步长。
void pid_init(PID * p, float kp, float ki, float reset, float max, float min, float T_
```

178

```
sample)
    {
        p->kp = kp;
        p->KI = ki;
        p->max = max;
        p->min = min;
        p->ui = reset;
        p->T_sample = T_sample;
        p->ki = p->KI * p->T_sample;
    }
//描述：修改比例环节 kp,积分环节 ki。
void pid_kpki(PID * p, float kp, float ki)
    {
        p->kp = kp;
        p->KI = ki;
        p->ki = ki * p->T_sample;
    }
//描述：复位内部积分量。
void pid_reset(PID * p, float reset)
    {
        p->ui = reset;
    }
//描述：修改限幅最大值,限幅最小值。
void pid_limit(PID * p, float max, float min)
    {
        p->max = max;
        p->min = min;
    }
//描述：PID 工作,慢速用这个,可以改变采样时间。
float pid_func(PID * p, float T_sample, float ref, float feed)
    {
        float out;
        p->ki = p->KI * T_sample;
        p->err = ref - feed;
        p->up = p->kp * p->err;
        p->ui = p->ui + p->ki * p->up;
        out = p->up + p->ui;
#define SAT_VOID(a,max,min){if(a>max) a = max;else if (a<min)a = min;}
        SAT_VOID(p->ui, p->max, p->min);
        SAT_VOID(out, p->max, p->min);
        return out;
    }
```

main. c 文件

```
//应用举例
# include "pid.h"
void main(void)
{
    static float   ref = 1.0f,   feed = 1.0f,   out;
    static PID pid1 = PID_DEFAULTS;
    for(;;)
    {
        //kp = 1,ki = 2,采样时间 1ms
        pid_init(&pid1, 1.0f, 2.0f, 0.0f, 1.0f, - 1.0f, 0.001f);
        out = pid_func(&pid1, 0.001f, ref, feed);
        …… //其他代码
    }
}
```

本章的 PI 函数加入了最大和最小值的限幅,没有限幅的 PI 函数是没有实用性的。

11.3　习　题

(1) 上述 PI 调节器中加入微分环节 D,构成完整 PID,如何实现？

(2) 如果 pid_func 函数里去掉参数 T_sample,有什么好处和坏处？

(3) 你见过哪些 PID 的改进和变形方法？

第 **12** 章

ARM 工程实例：三相电压锁相环 PLL

12.1 三相电压锁相环 PLL 原理

如果想得到三相电的电网频率，有多种方法，比如过零检测、锁相环 PLL 等方法。其中三相电压锁相环方法，抗干扰性能强，频率检测值准确，工程应用最广泛。

适合微处理器实现的三相电压锁相环算法框图如图 2.1 所示。

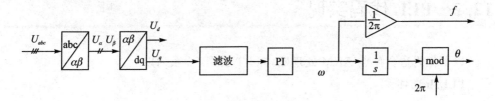

图 12.1　锁相环算法框图

三相电网电压瞬时值 U_a、U_b、U_c 经 clark 变换为 U_α、U_β：

$$\begin{pmatrix} U_\alpha \\ U_\beta \end{pmatrix} = \frac{2}{3} \begin{pmatrix} 0 & -\dfrac{1}{2} & -\dfrac{1}{2} \\ 0 & \dfrac{\sqrt{3}}{2} & -\dfrac{\sqrt{3}}{2} \end{pmatrix} \begin{pmatrix} U_a \\ U_b \\ U_c \end{pmatrix}$$

再通过旋转变换得到 U_d、U_q：

$$\begin{pmatrix} U_d \\ U_q \end{pmatrix} = \begin{pmatrix} \cos \theta & \sin \theta \\ -\sin \theta & \cos \theta \end{pmatrix} \begin{pmatrix} U_\alpha \\ U_\beta \end{pmatrix}$$

其中 U_q 经 PI 调节得到角频率 ω，最后再经过积分环节得到相位测量值 θ。

图 12.2 是相电压 U_a 和角频率 ω 的仿真波形。

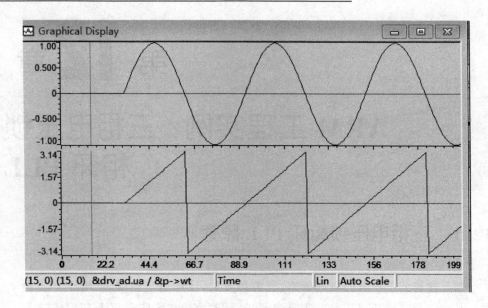

图 12.2　相电压 U_a 和角频率 ω

12.2　PLL 代码实现

以下代码适合浮点 ARM 处理器，即 ST 公司 F3 系列以上。

PLL. h 文件

```
//描述：头文件。如何应用,结构定义等都在此
//作者：wlg
//版本：4.0
# ifndef __PLL_H__
# define __PLL_H__
typedef struct {
            //内部变量：
            float filter1_back;
            PID pid1;
            float T_sample;
            float w, wt;
            float sin1, cos1;
            //输出：
            float f;
} PLL;
# define PLL_DEFAULTS {0,\
            PID_DEFAULTS,\
```

```
        }
//声明对象指针
typedef PLL  * PLL_HANDLE;
extern PLL pll_grid;
//声明对象内部函数
void pll_init1(PLL_HANDLE p,float f0, float T_sample);
void pll_func(PLL_HANDLE p,float ua, float ub, float uc);
#endif  //__PLL_H__
```

PLL. c 文件

```
 #include "pid.h"
 #include "pll.h"
 #include "math.h"
PLL pll_grid = PLL_DEFAULTS;
//描述：PLL 初始化
//作者：wlg
//版本：4.0
void pll_init1(PLL_HANDLE p, float f0, float T_sample)
    {
        p->f    = f0;
        p->T_sample = T_sample;
        p->sin1 = 0.0f;
        p->cos1 = 1.0f;
        p->w    = p->f * PI2;                //必须初始化
        p->wt = 0.0f                         //必须初始化
        //滤波器
        filter_back = 0.0f;
        //PID
        pid_init(&p->pid1, 1.0f, 2.0f, p->w, 600.0f, -600.0f, 0.001f);    //kp = 1,
ki = 2, 1ms
    }
    //描述：PLL 工作
    //作者：wlg
    //版本：4.0
    void pll_func(PLL_HANDLE p, float ua, float ub, float uc)
    {
        floatalpha, beta;
        floatq, w_ripple;
        //3->2 变换
        alpha = (2.0f/3.0f)   * (ua - 0.5f * ub - 0.5f * uc);
        beta   = (1.732f/3.0f)  * (        ub -         uc);
        //2->2 旋转变换
```

```
    q = - alpha * p->sin1 + beta * p->cos1;        //没用到 d,只用到了 q
    //一阶滤波 filter
    #define K1 0.9969f                              //1 ms 采样时间下,截止频率是 0.5 Hz
    #define K2 (1.0f - K1)
    w_ripple = K1 * filter1_back + K2 * q;          //更通用的方法是编写一阶滤波函数
    p->filter1_back = w_ripple;
    //PI
    p->w = pid_func(&p->pid, 0.001f, w_ripple, 0.0f);   //没有反馈,所以反馈 = 0
    //求 sin/cos
    p->wt += p->T_sample * p->w;
    #define PI 3.141592653589793f
    #define PI2 (PI * 2.0f)
        if (p->wt >= PI2){
        p->wt -= PI2;
    }
    p->sin1 = sin(p->wt);     p->cos1 = cos(p->wt);
    //求频率 f
    p->f = p->w * (1.0/PI2);
}
```

184

main. c 文件

```
//应用举例
#include "pll.h"
void main(void)
{
    pll_init1(&pll_grid, 50.0f, 0.001f);        //初始频率 50 Hz,1 ms 中断采样时间
    for(;;)
    {
        ......  //其他代码
    }
}
float  ua,  ub,  uc;                            //ua, ub, uc 值来自电网采样
```

isr. c 中断函数文件

```
//应用举例
#include "pll.h"
voidisr(void)
{
    pll_func(&pll_grid, ua, ub, uc)
    ......      //其他代码
}
```

如果输入电压是正序 U_a、U_b、U_c，PLL 锁出频率 pll_grid. f＝＋50 Hz。

本章的 PLL 函数没有考虑输入电压采样的少许滞后，但锁定的电网频率 50 Hz 是非常稳定的。

12.3　习　题

（1）单相电压的 PLL 如何实现？

（2）如果觉得 PI 调节速度慢，是否有别的加速调节方法？

（3）PLL 理论上是有滞后检测还是无滞后检测？

第 **13** 章

DSP 工程实例：快速傅里叶变换 FFT

数字信号处理中，快速傅里叶变换 FFT 是个重头戏，DSP 程序中应用较为普遍。本章讲述 FFT 理论后给出应用代码。

13.1　FFT 理论

离散傅里叶(DFT)变换是针对 N 点有限长序列从时域到频域的一种变换。这 N 点序列既可以是实数序列，又可以是复数序列。

DFT 理论在很多书中有介绍，这里做简要叙述：

设 $x(n)$ 为 N 点有限长序列，其 DFT 计算公式为：

$$X(k) = \sum_{n=0}^{N-1} x(n) e^{-j\frac{2\pi}{N}nk}$$

DFT 反变换(IDFT)：

$$x(n) = \frac{1}{N} \sum_{n=0}^{N-1} X(n) e^{j\frac{2\pi}{N}nk}$$

随着点数 N 的增加，上述 DFT 计算公式会得到越来越大的数值 $X(k)$，最终产生溢出。实际计算的公式往往要对理论公式做少许变形(在很多算法中都是如此)，DFT 计算实际采用的公式是：

$$X(k) = \frac{1}{N} \sum_{n=0}^{N-1} x(n) e^{-j\frac{2\pi}{N}nk}$$

DFT 公式的每一个 $X(k)$ 都是复数形式，需要 2 个存储空间，所以 N 点复数需要 $2N$ 个存储空间。但考虑到去除冗余，N 点实数却只需要 $N+2$ 个存储空间。

对 N 点的实数序列 DFT 后，实际有用的信息是：$X(0) - X(N/2-1)$ 和 $X(N/2)$ 点数据。而 $X(N/2+1) - X(N)$ 点数据是 $X(1) - X(N/2-1)$ 的共轭，是冗余的。$X(0)$ 的实部表示直流分量，其虚部一定为 0；$X(N/2)$ 的实部对应奈奎斯特频率，其虚部也为 0。

快速傅里叶变换(FFT)是 DFT 的一种快速算法实现,其实现涉及按时间(或频率)抽取、倒位序、蝶形变换等概念。FFT 在频谱分析等方面非常有用。不像 DFT 有简洁的公式,FFT 理论叙述起来要花费很多篇幅。考虑到太多的数字信号处理书籍中,都会重头戏地介绍 FFT 理论,读者可以参考这些书籍,这里就不再重复。

FFT 的实现对一个外行来说,也实在是够复杂的了,且因为追求的是效率,必须用汇编完成。看懂或实现 FFT 是一件非常耗时的工作。而大多数用户关心的是如何使用。术业有专攻,FFT 的汇编实现留给 TI 做吧,我们只要会如何使用就行。TI 提供 FFT 的源代码,可从网站上免费下载。

当序列的长度是 2 的幂次方(即 $N=2^L$)时,以 2 为基数的 FFT 实现最为简单和流行。TI 的 FFT 程序是按照时间抽取,基 2 的 FFT。TI 的程序给出了 128 点、256 点、512 点实数和复数的 FFT 实现,且给出了 C 语言的调用接口。在很多的实际应用中,FFT 处理的数据是实数,本章仅讨论实数 FFT。

实际计算时,TI 为了加快实数 FFT,巧妙地使用了压缩算法:对 $2N$ 点的实数做 N 点复数 FFT,最后再劈分还原,得到实数 $2N$ 点实数 FFT 计算的真正结果。

FFT 理论的一些补充:

➤ 如果采样数据不足 2 的幂次方,补 0。虽然很多书中说没影响,但实际补 0 对输出的影响,是一个复杂的插值函数关系。

➤ 考虑到共轭关系,对$[1, N-1]$点幅值结果应该乘以 2,才是真正的某次谐波的幅值平方。(TI 的程序只给出幅值平方,没给出幅值,如果是幅值平方则应该乘以 4。)

➤ 在很多情况中,比如采样点数很少,或只须得到一次基波的值,DFT 也是很不错的一个实现。

13.2　定点 FFT 模块

本章以 128 点实数 FFT 的具体实现为例,来介绍和演示 FFT 模块的应用。TI 采用汇编实现定点 FFT 算法,采用结构体类型 RFFT32 如下:

fft. h 文件

```
typedef struct {
    int32 * ipcbptr;
    int32 * tfptr;
    int16 size;
    int16 nrstage;
```

ARM与DSP硬件特色和编程指南

```
        int32 * magptr;
        int32 * winptr;
        int32 peakmag;
        int16 peakfrq;
        int16 ratio;
        void ( * init)(void * );
        void ( * calc)(void * );
        void ( * mag)(void * );
        void ( * win)(void * );
}RFFT32;
```

参数说明如表 13.1 所列。

表 13.1　结构体参数说明

参数名称	解　释	类　型	Q格式	备　注
ipcbptr	输入数据	32 位整型指针	Q31	计算缓冲指针,这个缓冲区必须分配 2N 字的空间
Tfptr	蝶形因子指针	32 位整型指针	Q30 或 Q31	调用 FFT32_init() 函数可以初始化它
Size	FFT 采样数据长度	INT16	Q0	必须是 2 的次方
Nrstage	级数	INT16	Q0	nrstages＝log2(size)
Magptr	幅值输出	32 位整型指针	Q30	幅值缓冲区指针
Winptr	窗输入	32 位整型指针	Q31	窗系数指针
peakmag	幅值峰值	32 位整型	没用	没用
Ratio	蝶形因子搜索步骤	INT16	Q0	ratio＝4096/size
Init	成员函数	函数指针	N/A	FFT 的初始化函数更新蝶形因子数据。蝶形因子分配到"FFTtf"段,包括 768 个入口,以实现最多达 1024 点的 FFT。
Calc	成员函数	函数指针	N/A	FFT 计算函数
Mag	成员函数	函数指针	N/A	幅值计算函数
Win	成员函数	函数指针	N/A	窗函数,默认不用就是矩形窗

calc()结果存放在 ipcbptr 指向的数组,共占用 $N+2$ 个数据单元,存放在表格中的第一行如表 13.2 所列。

表 13.2　calc( )结果存放格式

ipcbptr	0	1	2	3	……
	X(0)实部	X(0)虚部	X(1)实部	X(1)虚部	……

mag( )结果存放在 magptr 指向的数组，共占用 N/2+1 个数据单元，如表 13.3 所列。

表 13.3　mag( )结果存放格式

magptr	0	1	2	3	……
	$|X(0)|^2$	$|X(1)|^2$	$|X(2)|^2$	$|X(3)|^2$	……

1. 内存分配的要求

计算缓冲区必须分配 $4*N$ 字（16 位字长）或 $2*N$ 字（32 位字长），并且采样数据必须是倒位序的形式。

```
FFTipcb ALIGN(512):{ }＞RAML4 PAGE 1
FFTipcbsrc ALIGH(512) { }＞RAML5 PAGE 1
FFTmag＞RAML6 PAGE 1
FFTtf＞RAML7 PAGE 1
```

有两种方式能实现"以倒位序的形式，获得采样数据"：

（1）在获得每一个采样数据时（比如中断采样），直接就把采样数据按倒位序存储。这是通过 FFTRACQ 模块来完成。

（2）采样数据按顺序存储在数组里，再调用函数 FFTR_brev( )，对整个数组做倒位序处理。本章采用这种比较直观的方式。

函数 FFTR_brev( )的声明形式如下：

```
void FFTR_brev(int * src, int * dst, int size);
```

其含义为：对指针 src 指向的数组，按倒位序方式处理 size 大小的数据，结果存放在指针 dst 指向的数组。为了节省空间，允许指针 src 跟 dst 可以指向同一地址。

2. FFT 调用举例

例 1：

以计算 32 点的 FFT 为例，运用以下的结构模版。

```
#define RFFT32_32P_DEFAULTS {
    (int32 * )NULL,
    (int32 * )NULL,
    32,
    5,
```

```
     (int32 * )NULL,
     (int32 * )NULL,
     0,
     0,
     128,
     (void ( * )(void * ))FFT32_init,
     (void ( * )(void * ))FFT32_calc,
     (void ( * )(void * ))FFT32_mag,
     (void ( * )(void * ))FFT32_win
}
```

计算 FFT 的代码如下：

```
#define N 32 //FFT 长度
//缓冲区分配
#pragma DATA_SECTION(ipcb, "FFTipcb");
#pragma DATA_SECTION(ipcbsrc, "FFTipcbsrc");
long ipcbsrc[2 * N];
long ipcb[2 * N];
/ * 建立一个 FFT 模块的例子 * /
RFFT32 fft = RFFT32_32P_DEFAULTS;
main()
{
     ……………………
     //产生采样数据：
     for(i = 0;i<(N * 2);i = i + 2)
     {
     ipcbsrc[i] = (long)real[i] //Q31
     ipcbsrc[i + 1] = 0;
     }
     ……………………
     RFFT32_brev(ipcbsrc, ipcb, N);/ * 位倒序 * /
     fft.ipcbptr = ipcb;/ * FFT 缓冲区 * /
     fft.init(&fft);/ * 初始化产生蝶形因子 * /
     fft.calc(&fft);/ * FFT 计算 * /
}
```

3. 蝶形因子的处理

蝶形因子的数据必须放到 DSP 内部的零等待的 RAM 中。

"FFTtf"段有 4096 个蝶形因子数据，每个 32 位或两字宽度。共需要 8192 (0x2000)个连续的 RAM 空间。

仿真器 RAM 运行时，必须在 CMD 文件中分配整块的内部 RAM 空间：

FFTtf＞RAML7，PAGE＝1

FLASH 运行时,无论是带仿真器运行还是 DSP 自己单独运行,蝶形因子数据必须存在 flash 中。在 page 0 或 1 中分配充足的空间给"FFTtf"段：

FFTtf＞FLASHC，PAGE＝0

为了程序运行的更快,可以将蝶形因子的数据从 FLASH 中复制到 RAM 中,在 CMD 文件中的"FFTtf"段定义如下代码：

```
FFTtf:LOAD = FLASHC, PAGE = 0
RUN = RAML7, PAGE = 1
LOAD_START(_FFTtfLoadStart),
LOAD_END(_FFTtfLoadEnd),
RUN_START(_FFTtfRunStart)
```

在 main 函数所在的 C 文件中,定义如下变量：

　　extern Uint16 FFTtfLoadStart，FFTtfLoadEnd，FFTtfRunStart；

最后,使用 MemCopy 函数完成从 FLASH 到 RAM 的复制工作：

MemCopy(&FFTtfLoadStart，&FFTtfLoadEnd，&FFTtfRunStart)；

13.3　定点 FFT 应用代码

应用程序只用了一个 rfft.c 文件,所以可把所有的文件都放在一个目录下。为了验证 FFT 模块,程序中自产生了一组波形数据,放在数组 ipcbsrc [2 * N]中。

程序的运行条件如下：

(1) 程序运行带仿真器运行在内部 RAM 中。

(2) 假定 20 MHz 晶振输入,3 倍频,运行在 60MIPS。

TI 的手册里给出了 FFT 所需花费的时间,如表 13.4 所列。FFT 做得很不错,充分利用了 DSP 中的特定指令。

表 13.4　FFT 运行时间

32 位实数 FFT		
	运行用的时钟周期数	
FFT 长度	情况 1：TF(Q31)	情况 2：TF(Q30)
128	6509	6763
256	14756	15394
512	33081	34615
1024	73422	77004

例 2：

验证 512 点 FFT 模块的应用程序。

rfft. c 文件

```
//作者：hechao
# include "DSP28x_Project.h"
# include<fft.h>
# include "math.h"
# include "float.h"
/* 建立一个 FFT 模块的例子 */
# define      N    512                          //FFT 长度
# pragma DATA_SECTION(ipcb, "FFTipcb");         //输入/输出数据内存分配
# pragma DATA_SECTION(ipcbsrc, "FFTipcbsrc");
long ipcbsrc[2 * N];
long ipcb[2 * N];
RFFT32   fft = RFFT32_512P_DEFAULTS;            //结构体常数
/* Define window Co - efficient Array  and place the .constant section in ROM memory */
const long win[N/2] = HAMMING32;                //选择窗
int xn,yn;
# definePI3.14159265358979323846264433832795f
floatRadStep = 2 * PI/N * 2;                    //步长
floatRad = 0.0f;                                //初始化步长
void main()
{
    unsigned long i;
    InitSysCtrl();
    DINT;
    InitPieCtrl();
    IER = 0x0000;
    IFR = 0x0000;
    InitPieVectTable();
    EINT;                                       //使能全局中断
    ERTM;                                       //使能全局实时中断 DBGM
    //产生采样数据：
    Rad = 0.0f;
    //清输入/输出缓冲区
    for(i = 0;i<(N * 2);i = i + 2)
    {
        ipcb[i]   = 0;
        ipcb[i + 1] = 0;
    }
    //模拟采样数据
```

```
for(i = 0;i<N;i + + )
{
    //Q31
    ipcbsrc[i]    = (long)(2147483648 * (sin(Rad) + 0.5 * sin(3 * Rad))/2);
    Rad = Rad  +  RadStep;
}
/* ----------------------------------------------------------------
    FFT 计算
----------------------------------------------------------------- */
RFFT32_brev(ipcbsrc, ipcb, N);     /* 实数 FFT 位倒序        */
fft.ipcbptr = ipcb;                /* FFT 缓冲区             */
fft.magptr = ipcbsrc;              /* 幅值输出缓冲区          */
fft.winptr = (long * )win;         /* 窗                    */
fft.init(&fft);                    /* 初始化产生蝶形因子      */
fft.calc(&fft);                    /* 计算 FFT              */
fft.mag(&fft);                     /* Q31 格式幅值          */
for(;;);
}
```

CMD 文件

```
MEMORY
{
……
PAGE 1 :
    RAMM1:     origin = 0x000400,     length = 0x000400
    RAML2:     origin = 0x00A000,     length = 0x000400
    RAML3:     origin = 0x00A400,     length = 0x001000
    RAML4:     origin = 0x00B400,     length = 0x001800
    RAML5:     origin = 0x00CC00,     length = 0x001000
    RAML61:    origin = 0x00DC00,     length = 0x001000
    RAML62:    origin = 0x00EC00,     length = 0x001000
    RAML7:     origin = 0x00FC00,     length = 0x000400
    ZONE7B:    origin = 0x20FC00,     length = 0x000400
}
……
SECTIONS
{
……
    FFTtf       >   RAML4,      PAGE = 1
    DLOG        >   RAML5,      PAGE = 1
    FFTipcb:{ } >   RAML6,      PAGE = 1
    FFTipcbsrc  >   RAML62,     PAGE = 1
```

```
        SINTBL:    >   RAML7,      PAGE = 1
    ……
    }
```

通过 View\Graph Time/Frequency 观测结果，设置断点在 for(;;)这一句，全速运行，程序停在这一句。

我们设置的原始波形是一个幅值为 1 的 2 次谐波与幅值为 0.5 的 6 次谐波的叠加的一个波形，对于 512 点的 FFT 来说，输入数据是一个长度是 512 的数组 ipcb，如图 13.1 所示。

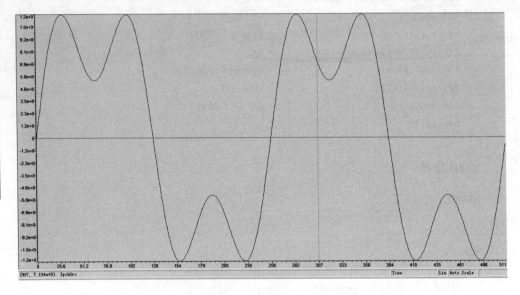

图 13.1   原始波形

FFT 计算后的结果如图 13.2 所示。

FFT 的计算结果也是数组 ipcb，计算结果的意义如下：

ipcb [0]＝real[0]	………直流分量的实部
ipcb [1]＝real[3]	………基波分量的实部
ipcb [2]＝real[4]	………2 次谐波的实部
ipcb [3]＝real[5]	………3 次谐波的实部
…	
ipcb [N/2]＝real[N/2]	………N/2 次谐波的实部
ipcb [N/2＋1]＝imag[N/2－1]	………N/2 次谐波的虚部
…	
ipcb [N－3]＝imag[3]	………3 次谐波的虚部
ipcb [N－2]＝imag[2]	………2 次谐波的虚部

ARM 与 DSP 硬件特色和编程指南

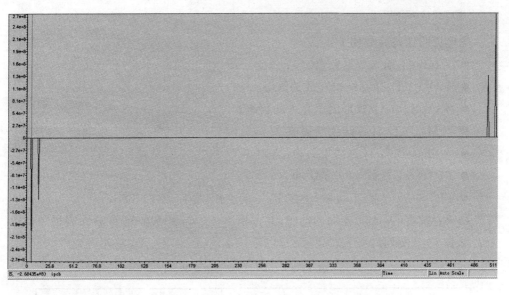

图 13.2　FFT 结果

ipcb [N−1]＝imag[1]　　　　　　………基波分量的虚部

通过以上计算结果可以计算出此信号的各次的幅值和相位。

195

基波的幅值为：　　sqrt(real[n]^2 + imag[n]^2)/(N/2)

相位为：　　　　　　arctan(imag[n]/real[n])

可以看出上图的数据都很大，这是用到 Q31 格式，所有数据都乘以 2^{31} (2147483648)。细心的读者可以通过前面给出的计算结果和幅值的计算公式来验证。

13.4　浮点 FFT 模块

以 32 位浮点的实数 FFT 的具体实现为例，来介绍和演示 FFT 模块的应用。TI 采用汇编实现浮点 FFT 算法，采用结构体类型 RFFT_F32_STRUCT 如下：

fft. h 文件

```
typedef struct {
    float32   * InBuf;
    float32   * OutBuf;
    float32   * CosSinBuf;
    float32   * MagBuf;
    float32   * PhaseBuf;
    Uint16 FFTSize;
    Uint16 FFTStages;
```

} RFFT_F32_STRUCT；

简单说明这些参数如下：

- ＊InBuf：输入数据数组。
- ＊OutBuf：计算结果存放的数组。
- ＊CosSinBuf：蝶形因子存入的数组。
- ＊MagBuf：计算结果的幅值。
- ＊PhaseBuf：计算结果的相位。
- FFTSize：复数 FFT 的大小。
- FFTStages：FFT 级数，决定 FFT 的点数，是 log2(FFTSize)。

结果存放在 OutBuf 指向的数组，共占用 N＋2 个数据单元，存放在表格中的第一行如表 13.5 所列。

表 13.5　calc( )结果存放格式

OutBuf	0	1	2	……	N−2	N−1
	X(0)实部	X(1)实部	X(2)实部	……	X(2)虚部	X(1)虚部

幅值结果存放在 MagBuf 指向的数组，共占用 N/2＋1 个数据单元，如表 13.6 所列。

表 13.6　mag( )结果存放格式

MagBuf	0	1	2	3	……	N/2＋1
	$|X(0)|^2$	$|X(1)|^2$	$|X(2)|^2$	$|X(3)|^2$	……	$|X(N/2)|^2$

例 3：

举例示意如何调用 FFT 和 CMD 文件配置。

FFT 中要用到大数组，需要在 CMD 文件中为这个大数组分配空间。

main. c 文件

```
#defineRFFT_STAGES8
#defineRFFT_SIZE(1<<RFFT_STAGES)
RFFT_F32_STRUCT rfft；
void main(void)
{
    rfft.FFTSize = RFFT_SIZE；
    rfft.FFTStages = RFFT_STAGES；
    rfft.InBuf = &RFFTin1Buff[0]；          //输入缓冲区
    rfft.OutBuf = &RFFToutBuff[0]；         //输出缓冲区
    rfft.CosSinBuf = &RFFTF32Coef[0]；      //蝶形因子缓冲区
```

```
    rfft.MagBuf = &RFFTmagBuff[0];          //幅值缓冲区
    RFFT_f32_sincostable(&rfft);            //计算蝶形因子
    RFFT_f32(&rfft);                        //计算实数 FFT
}
```

main. cmd 文件

```
MEMORY
{
    ...
PAGE 1 :
    RAML4       :origin = 0x00C000, length = 0x001000
    RAML5       :origin = 0x00D000, length = 0x001000
    RAML6       :origin = 0x00E000, length = 0x001000
    RAML7       :origin = 0x00F000, length = 0x001000
    ...
}
SECTIONS
{
    ...
    RFFTdata1           :>RAML4,     PAGE = 1, ALIGN(512)
    RFFTdata2           :>RAML5,     PAGE = 1
    RFFTdata3           :>RAML6,     PAGE = 1
    RFFTdata4           :>RAML7,     PAGE = 1
    ...
}
```

需要注意的几点：

➤ 需要几个大数组。

➤ 大数组是通过 CMD 文件开辟空间来存放在 0 等待的片内 RAM 中。

➤ 本例的计算是需要多分配内存的，如果不想多分配内存可以用 RFFT_f32u，
　　但是计算速度慢一些。

13.5　浮点 FFT 应用代码

本应用程序只用了一个 main. c 文件，所以可把所有的文件都放在一个目录下。
为了验证 FFT 模块，程序中自产生了一组波形数，放在数组 RFFTin1Buff[ ]中。

程序的运行条件如下：

➤ 计算 FFT 用的缓冲区都分配在 DSP 的内部空间。

➤ 假定 30 MHz 晶振输入，5 倍频，运行在 150 MIPS。

TI 的手册里给出了 FFT 所需花费的时间,见表 13.7。

表 13.7 典型函数运行时间

FFT 长度	汇编指令时钟数	时间/μs
32	611	4.07
64	1277	8.51
128	2775	18.50
256	6145	40.97
512	13675	91.17
1024	30357	202.38
2048	67007	446.71

例 4：

验证 FFT 模块的应用程序。

main. c 文件

```c
# include "DSP28x_Project.h"        //必须包含硬件头文件
# include "math.h"
# include "float.h"
# include "FPU.h"
# define RFFT_STAGES    8
# define RFFT_SIZE(1<<RFFT_STAGES)
# pragma DATA_SECTION(RFFTin1Buff,"RFFTdata1");       //输入数组的缓冲区
float32 RFFTin1Buff[RFFT_SIZE];
# pragma DATA_SECTION(RFFToutBuff,"RFFTdata2");
float32 RFFToutBuff[RFFT_SIZE];                       //输出数组缓冲区
# pragma DATA_SECTION(RFFTmagBuff,"RFFTdata3");
float32 RFFTmagBuff[RFFT_SIZE/2 + 1];                 //输出结果的幅值
# pragma DATA_SECTION(RFFTF32Coef,"RFFTdata4");
float32 RFFTF32Coef[RFFT_SIZE];                       //蝶形单元缓冲区
floatRadStep = 0.1963495408494f;                      //产生一个测试波形的引子
floatRad = 0.0f;
RFFT_F32_STRUCT rfft;
void main(void)
{
    Uint16i;
    InitSysCtrl();
    DINT;
    InitPieCtrl();
    IER = 0x0000;
```

```
IFR = 0x0000;
InitPieVectTable();
EINT;                                      //使能全局中断
ERTM;                                      //使能实时中断
//缓冲区初始化为 0
for(i = 0;i<RFFT_SIZE;i + +)
{
    RFFTin1Buff[i] = 0.0f;
}
//产生采样波形
Rad = 0.0f;
for(i = 0;i<RFFT_SIZE;i + +)
{
    RFFTin1Buff[i] = cos(Rad) + cos(Rad * 3);   //实时输入信号
    Rad = Rad + RadStep;
}
rfft.FFTSize = RFFT_SIZE;
rfft.FFTStages = RFFT_STAGES;
rfft.InBuf = &RFFTin1Buff[0];              //输入缓冲区
rfft.OutBuf = &RFFToutBuff[0];            //输出缓冲区
rfft.CosSinBuf = &RFFTF32Coef[0];         //蝶形因子缓冲区
rfft.MagBuf = &RFFTmagBuff[0];            //幅值缓冲区
RFFT_f32_sincostable(&rfft);              //计算蝶形因子
for (i = 0;i<RFFT_SIZE;i + +)
{
    RFFToutBuff[i] = 0;                    //清输入缓冲区
}
for (i = 0;i<RFFT_SIZE/2;i + +)
{
    RFFTmagBuff[i] = 0;                    //清幅值缓冲区
}
RFFT_f32(&rfft);                          //计算实数 FFT
RFFT_f32_mag(&rfft);                      //计算幅值
//永远空循环,这样能不关闭程序,好观测变量
for(;;);
}
```

CMD 文件

```
MEMORY
{
    ...
PAGE 1 :
```

```
    RAML4           :origin = 0x00C000, length = 0x001000
    RAML5           :origin = 0x00D000, length = 0x001000
    RAML6           :origin = 0x00E000, length = 0x001000
    RAML7           :origin = 0x00F000, length = 0x001000
    ...
}
SECTIONS
{
    ...
    RFFTdata1       :>RAML4,      PAGE = 1, ALIGN(512)
    RFFTdata2       :>RAML5,      PAGE = 1
    RFFTdata3       :>RAML6,      PAGE = 1
    RFFTdata4       :>RAML7,      PAGE = 1
    ...
}
```

通过 view\Graph Time/Frequency 观测结果，设置断点在 for(;;)这一句，全速运行，程序停在这一句。

我们设置的原始波形是一个基波与 3 次谐波的叠加的一个波形，对于 256 点的 FFT 来说，输入数据是一个长度是 256 的数组，如图 13.3 所示。

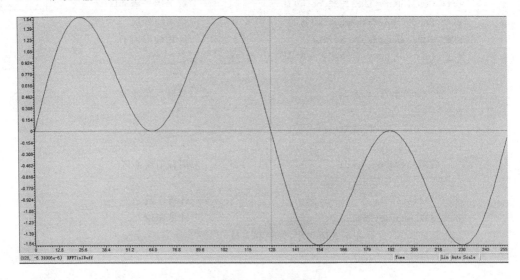

图 13.3　原始波形

FFT 计算后的结果如图 13.4 所示。

FFT 的计算结果也是一个长度为 256 的数组 OutBuf，可以看出第 253 点和第 255 点的值是 128，别的值都是 0。计算结果的意义如下：

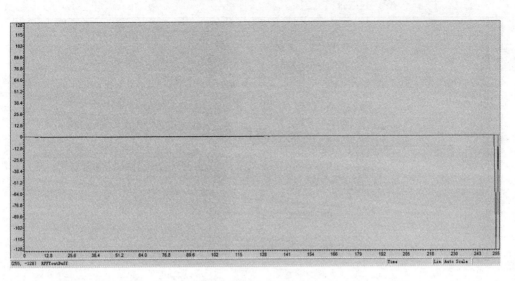

图 13.4　FFT 结果

OutBuf[0]=real[0]　　　　　　　　……直流分量的实部

OutBuf[1]=real[1]　　　　　　　　……基波分量的实部

OutBuf[2]=real[2]　　　　　　　　……2 次谐波的实部

OutBuf[3]=real[3]　　　　　　　　……3 次谐波的实部

…

OutBuf[N/2]=real[N/2]　　　　　……N/2 次谐波的实部

OutBuf[N/2+1]=imag[N/2−1]　　……N/2 次谐波的虚部

…

OutBuf[N−3]=imag[3]　　　　　　……3 次谐波的虚部

OutBuf[N−2]=imag[2]　　　　　　……2 次谐波的虚部

OutBuf[N−1]=imag[1]　　　　　　……基波分量的虚部

通过以上计算结果可以计算出此信号的各次的幅值和相位。

基波的幅值为　　：sqrt(real[n]^2 + imag[n]^2)/(N/2)

相位为：　　　　　　　　arctan(imag[n]/real[n])

幅值和相位也可以通过 TI 给出的程序库中的函数来计算,上例中给出了幅值的计算,用的是函数 RFFT_f32_mag(&rfft),结果如图 13.5 所示。

可以看出结果中第 1 和第 3 个点的值是 128,即 1 次和 3 次的幅值。

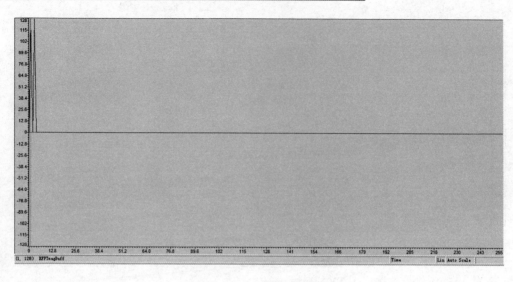

图 13.5　FFT 计算的幅值结果

13.6　习　题

（1）FFT 与 DFT 有何不同？什么情况下采用更灵活的 DFT 更合理？

（2）看一下 FFT 的汇编代码，调用了哪些特殊的 DSP 汇编指令？

（3）尝试了解一下傅里叶变换历史和分类，理解一下其物理意义。

第 **14** 章

DSP 工程实例：SVPWM

"SVM 方法是先进的且计算密集型的（Computation-Intensive），在变频驱动的所有 PWM 技术中，很可能是最好的。"——变频专家博斯（Bose）教授。

在交流调速领域中，随着高开关频率的功率器件出现（如 IGBT、MOSFET 等），脉宽调制技（PWM）技术取代了老式相控技术，一跃占据了主导地位。

在众多 PWM 技术中，电压空间矢量 PWM（也称为磁链跟踪 PWM）调制具有比较显著的优点：电流谐波少，转矩脉动小，噪音低，相对于常规 SPWM（Sine PWM）直流电压利用率能提高约 15%（通过在常规 SPWM 中注入三次谐波，也可以提高直流电压利用率约 15%）。

电压空间矢量 PWM 的英文全称是 Space Vector PWM，简写成 SVPWM 或 SVM。

从原理上来说，SVPWM 把电动机与 PWM 逆变器看为一体，着眼于如何使电动机获得幅值恒定的圆形磁场为目标。当三相对称正弦电压供电时，交流电动机内产生圆形磁链，SVPWM 即以此理想磁链圆为基准，用逆变器不同的开关模式所产生的有效矢量来逼近基准圆，即用多边形来逼近圆形。但从简单的纯数学推导中，可以抛开磁场概念，只用电压矢量即可得到整个推导公式。因此 SVPWM 译成中文"电压空间矢量 PWM"时，多出"电压"二字。

TI 公司推出的 C28x 系列，专门设置了空间矢量状态机这一硬件系统，使得 SVPWM 易于实现。

14.1 SVPWM 原理

1. 电压型 PWM 逆变器的数学模型

电压源逆变器可由图 14.1 所示的 6 个开关元件来等效表示。逆变器桥臂的上下开关元件在任一时刻不能同时导通。不考虑死区时，上下桥臂的开关呈互逆状态，因此逆变器总共有 8 种不同的开关模式。

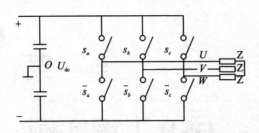

图 14.1　三相电压源逆变器模型

设 U,V,W 为逆变器输出的三相电压,以图 14.1 所示 O 点为参考点,可知输出电压只有两个电平,以 U 相电压为例:

当上桥臂开通下桥臂关断,即 $s_a=1$ 时,$U=U_{dc}/2$;

当上桥臂关断下桥臂开通,即 $s_a=0$ 时,$U=-U_{dc}/2$。

2. 电压空间矢量

逆变器的 8 种开关模式对应有 8 个电压空间矢量。推导电压空间矢量有很多方法,这里给出最简洁的一种数学形式推导。

3/2 坐标变换是电机分析中著名的变换,可以将三相电压变换到 $d-q$ 轴系。

$$V(s_a s_b s_c)=\sqrt{\frac{2}{3}}\,(1+\alpha+\alpha^2)\begin{bmatrix} U \\ V \\ W \end{bmatrix}$$

$$=\sqrt{\frac{2}{3}}\,(U1+\alpha V+\alpha^2 W)$$

其中 $\alpha=e^{j2\pi/3}=-\dfrac{1}{2}+\dfrac{\sqrt{3}}{2}j$。

代入不同的开关模式 $(s_a s_b s_c)$,通过上述的 3/2 变换,可得图 14.2 所示的电压空间矢量。

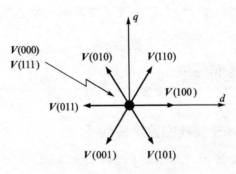

图 14.2　电压空间矢量

这里以生成矢量 $V(110)$ 为例，来演示推导过程。当开关状态 $s_a s_b s_c$ 是 110 时，

$$U = u_{dc}/2, V = u_{dc}/2, W = -u_{dc}/2$$

$$V(110) = \sqrt{\frac{2}{3}}(U + \alpha V + \alpha^2 W)$$

$$= \sqrt{\frac{2}{3}}\left(U_{dc}/2 + \left(-\frac{1}{2} + \frac{\sqrt{3}}{2}j\right) * U_{dc}/2 + \left(-\frac{1}{2} - \frac{\sqrt{3}}{2}j\right) * (-U_{dc}/2)\right)$$

$$= \sqrt{\frac{2}{3}}U_{dc} * \left(\frac{1}{2} + \frac{\sqrt{3}}{2}j\right)$$

以下对图 14.2 中的电压空间矢量做简要的说明：

图 14.2 中共有 8 个矢量，其中 $V(000)$ 和 $V(111)$ 称为零矢量，其余 6 个矢量称为有效矢量。电压空间矢量的幅值为：

当 $V(s_a s_b s_c)$ 为零矢量 $V(000)$ 与 $V(111)$ 时，电压空间矢量的幅值 = 0。

当 $V(s_a s_b s_c)$ 为有效矢量时，电压空间矢量的幅值 = $\sqrt{\frac{2}{3}}u_{dc}$。

电压空间矢量的空间位置（角度）如图 14.2 所示，两相邻有效矢量的夹角为 60°。

3. 矢量作用时间

通过不同的矢量组合可以合成新矢量，常常通过两个相邻有效矢量和零矢量合成新矢量，其中零矢量起等待作用。

设两个相邻有效矢量 V_1 和 V_m，零矢量 V_0，合成的新矢量 V_{out}（此处用首字母大写的 V_{out} 表示矢量，小写的 v_{out} 代表矢量 V_{out} 的幅值），矢量作用的时间分别是 T_1、T_m、T_0。T_{pwm} 是 PWM 脉宽时间，在编程实现时就是一个中断周期。

以有效矢量 V_1 为坐标横轴，建立如图 14.3 所示的坐标关系。

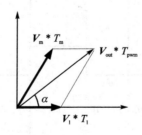

图 14.3　合成新矢量的坐标关系

合成新矢量的矢量表达如下：

$$V_1 * T_1 + V_m * T_m + V_0 * T_0 = V_{out} * T_{pwm} \tag{1}$$

且时间关系满足

$$T_0 + T_1 + T_m = T_{pwm} \tag{2}$$

对式(1)中的矢量分别投影到横、纵坐标轴，得：

$$\sqrt{\frac{2}{3}}\,u_{dc} * T_1 + \sqrt{\frac{2}{3}}\,u_{dc} * T_m * \frac{1}{2} = v_{out} * \cos\alpha$$

$$\sqrt{\frac{2}{3}}\,u_{dc} * T_m * \frac{\sqrt{3}}{2} = V_{out} * \sin\alpha$$

进一步整理可以得到：

$$T_1 = \frac{\sqrt{2}\,v_{out}}{U_{dc}} * T_{pwm} * \sin\left(\frac{\pi}{3} - \alpha\right) \tag{3}$$

$$T_m = \frac{\sqrt{2}\,v_{out}}{U_{dc}} * T_{pwm} * \sin\alpha \tag{4}$$

由时间关系式(2)可得：

$$T_0 = T_{pwm} - T_1 - T_m \tag{5}$$

公式(3)～(5)就是 SVPWM 的基本公式，代表 3 个矢量的作用时间。

4. 两种 SVPWM 生成方案

生成 SVPWM 中，有两种方案可供选择，以有效矢量 $V(100)$ 和 $V(110)$ 为例。

方案一：$V(000) \rightarrow V(100) \rightarrow V(110) \rightarrow V(111) \rightarrow V(110) \rightarrow V(100) \rightarrow V(000)$，如图 14.4 所示。

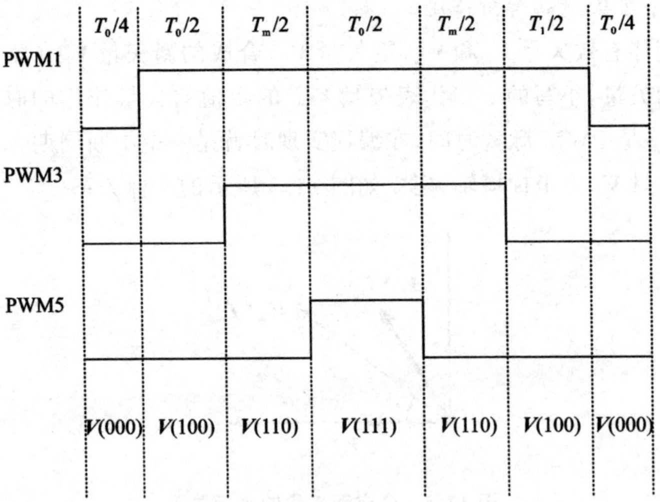

图 14.4　方案一

此时功率器件所需开关频率 $f_s = \dfrac{1}{T_{pwm}}$。开关频率 f_s 即常规 SPWM 调制中的载波频率。

TI 提供的可供下载的汇编例程中,就用的是此方案。C28x 中没有专门的硬件来实现此方案,必须把 SVPWM 的计算结果(矢量选择和作用时间),转化成每相引脚对应的脉宽作用时间,再分配到相应的比较寄存器中。

不考虑死区,按照方案一生成 SVPWM,对 PWM 引脚滤除载波后,引脚波形如图 14.5 所示。波形类似马鞍形,跟常规 SPWM 中注入三次谐波的波形很相似。

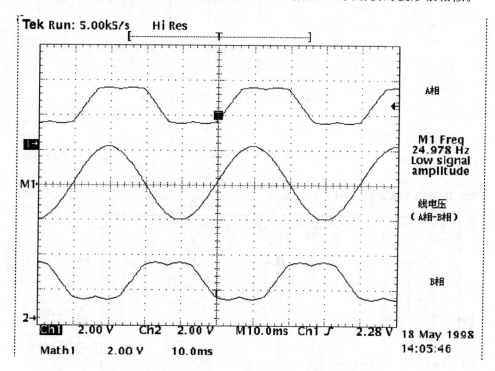

图 14.5　按照方案一生成的 SVPWM 的引脚波形

方案二：$V(100) \rightarrow V(110) \rightarrow V(111) \rightarrow V(110) \rightarrow V(100)$,如图 14.6 所示。

此时功率器件所需开关频率 $f_s = \dfrac{2}{3} \dfrac{1}{T_{\text{pwm}}}$。

C28x 的事件管理器中具有 SVPWM 状态机硬件,只需填入 100,和 $T_1/2$ 和 $T_m/2$,就可以方便的生成图 14.6 所示的方案二。

不考虑死区,按照方案二生成 SVPWM,对 PWM 引脚滤除载波后,引脚波形如图 14.7 所示。可以看出有 1/3 周期,A 相要么处于最高,要么处于最低,因此大大降低了开关频率。

方案二相对于方案一优势在于：

- 合成一个新的矢量,只需 2/3 的开关频率,大大降低了开关损耗。
- SVPWM 状态机硬件完成了很多工作,减少了软件工作量。

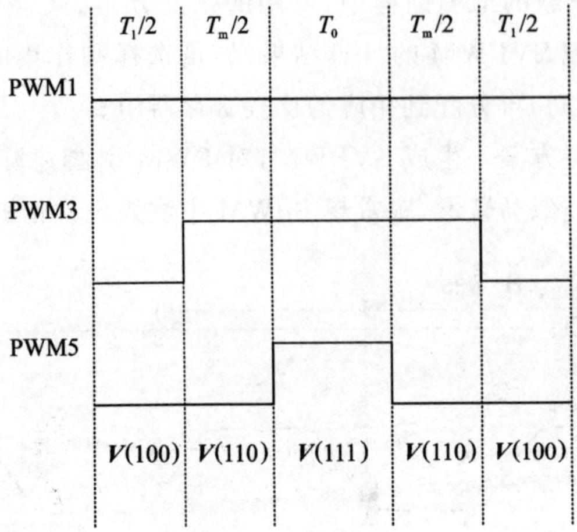

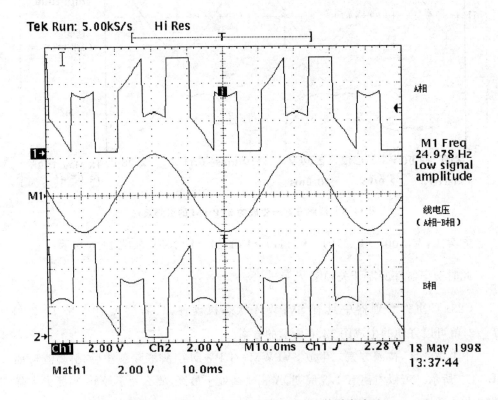

图 14.6　方案二

图 14.7　按照方案二生成的 SVPWM 的引脚波形

- 同样中断周期 T_{pwm} 下，由于方案一零矢量拆分成更细的等份，最终电机电流谐波略好于方案二。但这是以开关频率高为代价的。

5. 计算生成 SVPWM 要点

给定输出频率、输出线电压、直流母线电压后，就可以生成 SVPWM，步骤如下：

（1）连续不断地合成的新矢量，就能令电机产生圆形的磁场。新矢量的角度递增关系：

$$\alpha = \alpha + \omega * T_{\text{pwm}}$$

其中角频率 $\omega = 2\pi f$，f 是输出频率。

（2）根据角度 α 落在 6 个不同区间，选择不同的有效矢量 $\boldsymbol{V}_1$ 和 $\boldsymbol{V}_{\text{m}}$。

（3）有效矢量 $\boldsymbol{V}_1$ 和 $\boldsymbol{V}_{\text{m}}$ 作用的先后次序，能决定磁场的旋转方向，最终决定电机是正转或反转。

（4）零矢量的选取：零矢量 $\boldsymbol{V}_0$ 有两种不同的形式 $\boldsymbol{V}(000)$ 与 $\boldsymbol{V}(111)$，其选取原则为选取使开关变化量最小的零矢量。如果交由 SVPWM 状态机，则无须用户操心便可自动完成。

（5）新矢量的幅值 v_{out} 就是输出线电压有效值。

（6）矢量的作用时间由 3 个基本公式（3）～（5）确定。3 个基本公式的计算需要知道参数：α、U_{dc} 和 v_{out}。

（7）根据不同的 SVPWM 生成方案，把 SVPWM 的计算结果（矢量 $\boldsymbol{V}_1$、$\boldsymbol{V}_{\text{m}}$、$\boldsymbol{V}_0$ 和作用时间），或交由 SVPWM 状态机来自动完成；或转化成每相引脚对应的脉宽作用时间，再分配到相应的比较寄存器中。

6. 一些理论补充

SVPWM 理论当然不是本章简单的几页能讲全的。下面对 SVPWM 的理论做些补充，限于篇幅和能力，只是点到为止，专业的阐述请看有关的专业文献。

（1）当 T_0 等于 0 时（即没有等待时间），此时 $T_1 + T_{\text{m}} = T_{\text{pwm}}$。简单的推导可得，线电压有效值 v_{out} 最大是 $\dfrac{U_{\text{dc}}}{\sqrt{2}}$，推导从略。

（2）电压本身是标量（没有方向），之所以称为电压空间矢量，是由于通过电压产生了磁链，而磁链是典型的矢量（有方向），电压和磁链之间有一一对应关系。虽然推导 SVPWM 公式时没有用到磁链，但建议读者参考些专业文献，弄清磁链与电压空间矢量的空间关系，这样也容易理解并实现电动机预励磁技术。

（3）3/2 变换也可以写成等价的矩阵形式。此处 3/2 变换中使用的系数是 $\sqrt{\dfrac{2}{3}}$（保证功率不变的系数），请注意有些推导公式使用系数 $\dfrac{2}{3}$（矢量投影的系数）。此时得出来的合成矢量 v_{out} 就变成了相电压峰值了。

209

（4）前面提到"在逆变器桥臂的上下开关元件在任一时刻不能同时导通。不考虑死区时,上下桥臂的开关呈互逆状态,因此逆变器总共有 8 种不同的开关模式。"

那么考虑到死区发生时上下桥臂都关断,是不是还有新的开关模式呢?

实际上由于电动机电流并不会断续——通过功率可控器件旁的续流二极管续流(图 14.1 中没画出),所以此时输出端的电压仍旧是 $U_{dc}/2$ 或者 $-U_{dc}/2$(跟电机电流方向相反),不可能出现新的开关模式,有兴趣的读者请参考死区补偿的文献,会有比较翔实的分析。

（5）表达一个矢量有两种形式:给出极坐标形式(即幅值和角度);或者是给出直角坐标形式。

具体到新矢量 V_{out} 来说,可以用幅值 v_{out} 和角度 α 的极坐标形式,前面的推导形式就是基于极坐标形式;也可以用 (V_d, V_q) 的直角坐标形式 (V_d 和 V_q 即新矢量 V_{out} 在坐标轴的投影)。

极坐标形式适合电机的标量控制,即变压变频控制。

直角坐标形式适合矢量控制,即磁场定向控制。

（6）SVPWM 虽然有较高的直流电压利用率,但还不是最高。

当在一个输出频率的周期中仅开关六次,形成的是六边形磁链,此时具有最高的直流电压利用率。

对 SVPWM 进行过调制时候,可以逐渐逼近六边形磁链。此时磁链不再是圆形,电流谐波快速增大,计算的公式也很烦琐,读者可参考有关文献。

（7）前面在说明比较两种方案时,没有考虑死区。

于振宇博士在 TI 文献中指出:考虑到死区时,方案二的线电压波形畸变大些,并解释原因为死区的不平衡性。

仔细地做实验确实可以得到如图 14.8 所示的波形。SVPWM 已经问世 20 年了,在谈论理论时,还是应该仔细观察实验结果。波形畸变也确实是由死区的不平衡引起的。

但图 14.9 显示的是经过滤波后的 PWM 引脚波形,死区发生时,输出是零电平,因为没有带负载就没有任何续流。但,当通过功率器件驱动电机时,前面第 4 点指出"实际上由于电动机电流并不会断续——通过功率可控器件旁的续流二极管续流(图 14.1 中没画出),所以电机得到的电压仍旧是 $U_{dc}/2$ 或者 $-U_{dc}/2$,(跟电机电流方向相反)"。死区发生时,功率器件的输出不会是零电平。

如果用示波器量测功率器件输出端,两种方案都有电压畸变。两种方案的比较参看前面章节的叙述。

（8）新矢量的幅值 v_{out} 是线电压有效值,本书只是指出但并没有推导。有兴趣的读者可以推导一下:幅值到底是不是线电压有效值? 如果有误差,误差有多大?

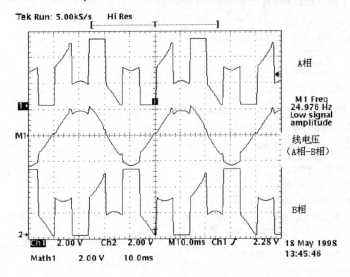

图 14.8　有死区时方案二的线电压波形有畸变

14.2　方案一的定点应用代码

TI 提供了 SVPWM 汇编程序中，采用宏定义形式放在头文件里。

TI 按照方案一实现了这两种形式：给出极坐标形式（即幅值和角度）和直角坐标形式。

极坐标形式适合电机的标量控制，即变压变频控制。

直角坐标形式适合矢量控制，即磁场定向控制 FOC。

其中直角坐标形式的快速计算比较有特色：只需向三个轴向投影，编码投影正负值得到所在空间角度，对投影值运算得到有效矢量作用时间。

svgendq. h 文件

```
# ifndef __SVGEN_DQ_H__
# define __SVGEN_DQ_H__
typedef struct { _iq   Ualpha;     //Input:reference alpha - axis phase voltage
                 _iq   Ubeta;      //Input:reference beta - axis phase voltage
                 _iq   Ta;         //Output:reference phase - a switching function
                 _iq   Tb;         //Output:reference phase - b switching function
                 _iq   Tc;         //Output:reference phase - c switching function
               } SVGENDQ;
typedef SVGENDQ * SVGENDQ_handle;
```

```
/* --------------------------------------------------------
Default initalizer for the SVGENDQ object.
---------------------------------------------------------- */
#define SVGENDQ_DEFAULTS { 0,0,0,0,0 }
/* --------------------------------------------------------
Space Vector PWM Generator (SVGEN_DQ) Macro Definition
---------------------------------------------------------- */
_iq Va,Vb,Vc,t1,t2,temp_sv1,temp_sv2;
Uint16 Sector = 0;    //Sector is treated as Q0 - independently with global Q
#define SVGEN_MACRO(v)                                                      \
                                                                           \
                                                                           \
    Sector = 0;                                                            \
    temp_sv1 = _IQdiv2(v.Ubeta);/* divide by 2 */                          \
    temp_sv2 = _IQmpy(_IQ(0.8660254),v.Ualpha);/* 0.8660254 = sqrt(3)/2 */ \
                                                                           \
                                                                           \
/* Inverse clarke transformation */                                        \
    Va = v.Ubeta;                                                          \
    Vb = -temp_sv1 + temp_sv2;                                             \
    Vc = -temp_sv1 - temp_sv2;                                             \
/* 60 degree Sector determination */                                       \
    if (Va>_IQ(0)) Sector = 1;                                             \
    if (Vb>_IQ(0)) Sector = Sector + 2;                                    \
    if (Vc>_IQ(0)) Sector = Sector + 4;                                    \
/* X,Y,Z (Va,Vb,Vc) calculations X = Va, Y = Vb, Z = Vc */                 \
    Va = v.Ubeta;                                                          \
    Vb = temp_sv1 + temp_sv2;                                              \
    Vc = temp_sv1 - temp_sv2;                                              \
/* Sector 0:this is special case for (Ualpha,Ubeta) = (0,0) */             \
                                                                           \
    switch(Sector)                                                         \
    {                                                                      \
        case 0:                                                            \
        v.Ta = _IQ(0.5);                                                   \
        v.Tb = _IQ(0.5);                                                   \
        v.Tc = _IQ(0.5);                                                   \
        break;                                                             \
        case 1:    /* Sector 1:t1 = Z and t2 = Y (abc ---->Tb,Ta,Tc) */   \
        t1 = Vc;                                                           \
        t2 = Vb;                                                           \
        v.Tb = _IQdiv2((_IQ(1) - t1 - t2));                               \
        v.Ta = v.Tb + t1;                  /* taon = tbon + t1 */          \
        v.Tc = v.Ta + t2;                  /* tcon = taon + t2 */          \
```

```
        break;\
        case 2:   / * Sector 2:t1 = Y and t2 = - X (abc - - ->Ta,Tc,Tb) * /    \
        t1 = Vb;                                                                \
        t2 = - Va;                                                              \
        v. Ta = _IQdiv2((_IQ(1) - t1 - t2));                                    \
        v. Tc = v. Ta + t1;              / * tcon = taon + t1 * /               \
        v. Tb = v. Tc + t2;              / * tbon = tcon + t2 * /               \
        break;                                                                  \
        case 3:   / * Sector 3:t1 = - Z and t2 = X (abc - - ->Ta,Tb,Tc) * /     \
        t1 = - Vc;                                                              \
        t2 = Va;                                                                \
        v. Ta = _IQdiv2((_IQ(1) - t1 - t2));                                    \
        v. Tb = v. Ta + t1;              / * tbon = taon + t1 * /               \
        v. Tc = v. Tb + t2;              / * tcon = tbon + t2 * /               \
        break;                                                                  \
        case 4:   / * Sector 4:t1 = - X and t2 = Z (abc - - ->Tc,Tb,Ta) * /     \
        t1 = - Va;                                                              \
        t2 = Vc;                                                                \
        v. Tc = _IQdiv2((_IQ(1) - t1 - t2));                                    \
        v. Tb = v. Tc + t1;              / * tbon = tcon + t1 * /               \
        v. Ta = v. Tb + t2;              / * taon = tbon + t2 * /               \
        break;                                                                  \
        case 5:   / * Sector 5:t1 = X and t2 = - Y (abc - - ->Tb,Tc,Ta) * /     \
        t1 = Va;                                                                \
        t2 = - Vb;                       / * tbon = (1 - t1 - t2)/2 * /         \
        v. Tb = _IQdiv2((_IQ(1) - t1 - t2));                                    \
        v. Tc = v. Tb + t1;              / * taon = tcon + t2 * /               \
        v. Ta = v. Tc + t2;                                                     \
        break;                                                                  \
        case 6:   / * Sector 6:t1 = - Y and t2 = - Z (abc - - ->Tc,Ta,Tb) * /   \
        t1 = - Vb;                                                              \
        t2 = - Vc;                                                              \
        v. Tc = _IQdiv2((_IQ(1) - t1 - t2));                                    \
        v. Ta = v. Tc + t1;              / * taon = tcon + t1 * /               \
        v. Tb = v. Ta + t2;              / * tbon = taon + t2 * /               \
        break;                                                                  \
}                                                                               \
/ *   Convert the unsigned GLOBAL_Q format (ranged (0,1)) - >.. * /             \
/ * .. signed GLOBAL_Q format (ranged ( - 1,1)) * /                             \
v. Ta = _IQmpy2(v. Ta - _IQ(0.5));                                              \
v. Tb = _IQmpy2(v. Tb - _IQ(0.5));                                              \
v. Tc = _IQmpy2(v. Tc - _IQ(0.5));                                              \
```

```
# endif //__SVGEN_DQ_H__
```

svgenmf. h 文件

```
# ifndef __SVGEN_MF_H__
# define __SVGEN_MF_H__
typedef struct{   _iq  Gain;          //Input:reference gain voltage (pu)
                  _iq  Offset;        //Input:reference offset voltage (pu)
                  _iq  Freq;          //Input:reference frequency (pu)
                  _iq  FreqMax;       //Parameter:Maximum step angle = 6 * base_freq * T (pu)
                  _iq  Alpha;         //History:Sector angle (pu)
                  _iq  NewEntry;      //History:Sine (angular) look-up pointer (pu)
                  Uint32  SectorPointer;
                    //History:Sector number (Q0) - independently with global Q
                  _iq  Ta;            //Output:reference phase-a switching function (pu)
                  _iq  Tb;            //Output:reference phase-b switching function (pu)
                  _iq  Tc;            //Output:reference phase-c switching function (pu)
                  _iq  StepAngle;  //Variable
                  _iq  EntryOld;   //Variable
                  _iq  dx;         //Variable
                  _iq  dy;         //Variable
                } SVGENMF;
/* ----------------------------------------------------------------
Default initalizer for the SVGENMF object.
---------------------------------------------------------------- */
# define SVGENMF_DEFAULTS { 0,0,0,0,0,0,0,0,0,0,0,0,0,0,0 }
/* ----------------------------------------------------------------
SVGENMF Macro Definitions
---------------------------------------------------------------- */
# define  PI_THIRD    _IQ(1.04719755119660)    /* This is 60 degree */
# define SVGENMF_MACRO(v)                                                        \
    /* Normalise the freq input to appropriate step angle */                     \
        /* Here, 1 pu. = 60 degree */                                            \
        v.StepAngle = _IQmpy(v.Freq,v.FreqMax);                                  \
    /* Calculate new angle alpha */                                              \
        v.EntryOld = v.NewEntry;                                                 \
        v.Alpha = v.Alpha + v.StepAngle;                                         \
    if (v.Alpha> = _IQ(1.0))                                                     \
        v.Alpha = v.Alpha - _IQ(1.0);                                            \
    v.NewEntry = v.Alpha;                                                        \
        v.dy = _IQsin(_IQmpy(v.NewEntry,PI_THIRD));/* v.dy = sin(NewEntry) */    \
v.dx = _IQsin(PI_THIRD - _IQmpy(v.NewEntry,PI_THIRD));/* v.dx = sin(60 - NewEntry) */
                                                                                 \
```

```
        / * Determine which sector * /                                    \
            if (v. NewEntry - v. EntryOld<0)                              \
            {                                                            \
                if (v. SectorPointer = = 5)                              \
                    v. SectorPointer = 0;                                \
                else                                                     \
                    v. SectorPointer = v. SectorPointer + 1;             \
            }                                                            \
    if (v. SectorPointer = = 0)   / * Sector 1 calculations - a,b,c - . a,b,c * /   \
            {                                                            \
            v. Ta = (_IQ(1.0) - v. dx - v. dy)>>1;                       \
            v. Tb = v. Ta + v. dx;                                       \
            v. Tc = _IQ(1.0) - v. Ta;                                    \
            }                                                            \
    else if (v. SectorPointer = = 1)   / * Sector 2 calculations - a,b,c - . b,a,c  &   v. dx
<-. v. dy * /                                                            \
            {                                                            \
            v. Tb = (_IQ(1.0) - v. dx - v. dy)>>1;                       \
            v. Ta = v. Tb + v. dy;                                       \
            v. Tc = _IQ(1.0) - v. Tb;                                    \
            }                                                            \
        else if (v. SectorPointer = = 2)   / * Sector 3 calculations - a,b,c - . b,c,a * / \
            {                                                            \
            v. Tb = (_IQ(1.0) - v. dx - v. dy)>>1;                       \
            v. Tc = v. Tb + v. dx;                                       \
                v. Ta = _IQ(1.0) - v. Tb;                                \
            }                                                            \
    else if (v. SectorPointer = = 3)   / * Sector 4 calculations - a,b,c - . c,b,a  &   v. dx
<-. v. dy * /                                                            \
            {                                                            \
            v. Tc = (_IQ(1.0) - v. dx - v. dy)>>1;                       \
            v. Tb = v. Tc + v. dy;                                       \
            v. Ta = _IQ(1.0) - v. Tc;                                    \
            }                                                            \
        else if (v. SectorPointer = = 4)   / * Sector 5 calculations - a,b,c - . c,a,b * / \
            {                                                            \
            v. Tc = (_IQ(1.0) - v. dx - v. dy)>>1;                       \
            v. Ta = v. Tc + v. dx;                                       \
            v. Tb = _IQ(1.0) - v. Tc;                                    \
            }                                                            \
    else if (v. SectorPointer = = 5)   / * Sector 6 calculations - a,b,c - . a,c,b  &   v. dx
<-. v. dy * /                                                            \
```

```
        {                                                              \
        v.Ta = (_IQ(1.0) - v.dx - v.dy)>>1;                            \
        v.Tc = v.Ta + v.dy;                                            \
        v.Tb = _IQ(1.0)  -  v.Ta;                                      \
        }                                                              \
/* Convert the unsigned GLOBAL_Q format (ranged (0,1)) . signed GLOBAL_Q format (ranged
(-1,1)) */                                                             \
/* Then, multiply with a gain and add an offset. */                    \
        v.Ta = (v.Ta - _IQ(0.5))<<1;                                   \
        v.Ta = _IQmpy(v.Gain,v.Ta) + v.Offset;                         \
                                                                       \
    v.Tb = (v.Tb - _IQ(0.5))<<1;                                       \
        v.Tb = _IQmpy(v.Gain,v.Tb) + v.Offset;                         \
                                                                       \
        v.Tc = (v.Tc - _IQ(0.5))<<1;                                   \
        v.Tc = _IQmpy(v.Gain,v.Tc) + v.Offset;                         \
#endif //__SVGEN_MF_H__
```

中断调用举例

```
SVGENMF svm_mf = SVGENMF_DEFAULTS;
voidisr (void)//中断函数
{
    svm_mf.Freq = 用户值;               //Pass inputs to svpwm
    svm_mf.Gain = 用户值;
    svm_mf.Offset = 用户值;
    SVGENMF_MACRO(svm_mf);             //Call compute macro for svpwm
    用户变量 = svm_mf.Ta;               //Access the outputs of svpwm
    用户变量 = svm_mf.Tb;               //Access the outputs of svpwm
    用户变量 = svm_mf.Tc;               //Access the outputs of svpwm
}
```

14.3　方案二的定点应用代码

1. 适合计算 SVPWM 的公式变形

前面列出了计算有效矢量作用时间的公式(3)～(4)，照旧列出如下：

$$T_1 = \frac{\sqrt{2}\,v_{\text{out}}}{U_{\text{dc}}} * T_{\text{pwm}} * \sin\left(\frac{\pi}{3} - \alpha\right) \tag{3}$$

$$T_{\text{m}} = \frac{\sqrt{2}\,v_{\text{out}}}{U_{\text{dc}}} * T_{\text{pwm}} * \sin\alpha \tag{4}$$

对这两个公式稍作变形，以适合编程需要：

$$T'_1 = \frac{T_1}{T_{pwm}} = \frac{v_{max}}{U_{dc}} * \sin\left(\frac{\pi}{3} - \alpha\right)$$

$$T'_m = \frac{T_1}{T_{pwm}} = \frac{v_{max}}{U_{dc}} * \sin\alpha$$

其中：

➤ $\sqrt{2}\,v_{out}$ 是线电压峰值，用变量 v_{max} 来表示，当用户给定的是线电压有效值 v_{out} 时，乘以 $\sqrt{2}$ 的计算可以在中断外完成，减少中断资源消耗。

➤ $\frac{v_{max}}{U_{dc}}$ 的值一定小于等于 1（参看前面一节的理论补充），适合用无符号的 Q15 或 Q16 格式表示。本程序中用 Q15 格式表示。

➤ 由于 T_1 和 T_m 一定小于等于 T_{pwm}，因此 T'_1 和 T'_m 小于 1，也非常适合用 Q15 或 Q16 格式表示。本程序中用 Q16 格式表示。

实际计算的过程为：模块 svpwm 输出 T'_1 和 T'_m；驱动事件管理器的模块接受 T'_1 和 T'_m，然后乘以 T_{pwm}，得到 T_1 和 T_m，再写入寄存器。这样做的好处十分明显：模块 svpwm 计算时不必考虑中断周期 T_{pwm}，只在驱动模块中才考虑，从而程序更加模块化。

2. 程序说明

模块 svpwm 包括 svpwm.h 和 svpwm.c。

(1) 求正弦函数

qsinlt()：求正弦函数。qsinlt()的声明形式如下：

int qsinlt(int x);

输入值：int 类型，Q15 格式，其中−1 代表−π，1 代表 π，即−π～π 被规格化到−1～1。−1～1 的 Q15 格式表达是 0x8000～0x7fff。输出值：int 类型，Q15 格式。

qsinlt()实现的机理是：预先存储一个−π～π 的正弦表格，对其进行查表并做线性插补运算。

观察该模块的结构体可知，最终的结果是 3 个输出变量：两个有效矢量的时间和一个有效矢量值。注释"//共用："表示是模块内部用到的全局变量。

(2) 模的概念

模块 svpwm 中角度 α 的计算用到了"模"的概念，以下详细讨论"模"。

理解并运用好"模"要稍费点气力。每次进入中断，新矢量角度 α 都会递增 ω * T_{pwm}，角度当然不能无限递增。一个直观的解决方案是，比较 α 是否大于 2π，如果大于 2π 则减去 2π，这样每次进入都做比较判断会稍嫌费时。

217

巧妙地使用模的概念来解决角度,以 16 位数能表示的最大范围 2^{16} 为模(即 2π),比 65535 大的数会自然溢出,剩余的数又从 0 计数,周而复始,省却了比较。程序中用变量 alpha 代表角度 α。

模块 svpwm 中递增弧度 $w * t_{pwm}$ 是随频率变化的一个量,程序中用变量 step 代表弧度增量值 $w * t_{pwm}$。

以上讨论的模所表达的范围是 2π,即角度变量 alpha 在 $-\pi \sim \pi$ 范围内。但仔细的观测计算 SVPWM 的公式可以发现,正弦函数只用 $0 \sim \pi/3$ 的值即可,完全用不到角度变量 alpha 能表达全范围 $-\pi \sim \pi$ 内量,也用不到能对 $-\pi \sim \pi$ 全范围的角度求值的正弦函数 qsinlt()。相对于常规 SPWM,这是一个有趣的特性:

> 可以进一步改变模所表达的范围——到 $\pi/3$ 即可,从而提高角度 α 表达的精度。

> 改进正弦函数 qsinlt()——只用存储 $0 \sim \pi/3$ 的正弦表格,从而减少了存储空间。

这些正是模块 svpwm 可以改进的地方:编写一个求正弦的 $0 \sim \pi/3$ 的值的汇编函数来代替 qsinlt()函数,令新角度的模为 $\pi/3$,从而取消本程序中判断 α 是否大于 $\pi/3$ 的比较。本节程序就不编写这个新函数了。

svpwm. h 文件

```
//示例:声明对象、引用函数
//        SVPWM svpwm = SVPWM_DEFAULTS;
//        svpwm. calc(&svpwm);
//描述:计算产生 svpwm
//——version 3.0,wlg
# ifndef __SVPWM_H__
# define __SVPWM_H__
# define  PIBY310923
//pi/3 对应的归一化 Q15 格式: 1/3 * 2^15 = 10923(pi 归一化成 Q15 的格式)
typedef struct {
            void ( * calc)(void * );
            //共用:
            unsigned step_max;          //Q15,step_max = fmax * 65536 /fs
            //                                 = 128 Hz * 65536 /10000Hz = 839
            int alpha;                  //Q15,角度
            unsigned sector;            //Q0,扇区,共 6 个值: 0 - 5
            //输入:
            unsigned f;                 //Q15,频率
            unsigned ul_max;            //Q15,线电压最大值
            unsigned udc;               //Q15,直流母线电压
```

```
                        //输出：
        unsigned tl, tm;        //Q16,有效矢量 l 和 m 的时间
        unsigned vect;          //Q0,有效矢量 1
} SVPWM;
#define SVPWM_DEFAULTS {                                            \
                (void ( * )(void * )) svpwm_calc,                  \
                839,                                               \
                0,                                                 \
                0                                                  \
}
typedef SVPWM * SVPWM_Handle;
void svpwm_calc(SVPWM_Handle);
#endif   //__SVPWM_H__
```

svpwm. c 文件

```
//描述：三部分：计算角度、选择矢量、计算有效矢量作用时间
//——version 3.0,wlg
# include "svpwm.h"
# include "qmath.h"
void svpwm_calc(SVPWM_Handle p)
{
    int step;                //Q15。step 是弧度 wts 对应的增量值
    unsigned k;              //Q16。k 是计算时间用的系数
    //第一步,计算角度 alpha 和区间
                        //计算公式伪代码形式：step = f * step_max>>15。
    step = (int)(   ((unsigned long)p->f * p->step_max)>>15   );
    p->alpha = p->alpha + step;
    if (p->alpha>PIBY3)
    {
        p->alpha = p->alpha - PIBY3;
        if (p->sector<5)
            p->sector + + ;
        else
            p->sector = 0;
    }
    //第二步：判断有效矢量 1
    switch (p->sector)
    {
        case 0:p->vect = 1;break;   //001b
        case 1:p->vect = 3;break;   //011b
        case 2:p->vect = 2;break;   //010b
        case 3:p->vect = 6;break;   //110b
```

```
        case 4:p->vect = 4;break;   //100b
        case 5:p->vect = 5;break;   //101b
        default:break;
}
//第三步：计算有效矢量 l 和 m 的作用时间
if (p->ul_max<p->udc)
    k = (unsigned)(  ((unsigned long)p->ul_max<<16)/p->udc  );
else
    k = 0xffff;
        //qsinlt 是 math.h 声明的函数
p->tl = (unsigned)(((unsigned long)k * qsinlt(PIBY3 - p->alpha))>>15);
p->tm = (unsigned)(((unsigned long)k * qsinlt(p->alpha)         )>>15);
        //如果改写为(unsigned long)(unsigned)qsinlt()则程序更规范些，
        //且能通过 lint 检查，但有些繁琐。
}
```

3.　波形观测

在 PWM 输出引脚处接上一个简单的低通 RC 滤波，设置输出频率 25 Hz，滤除高频载波分量，接上示波器就可看到输出波形——等价于常规 SPWM 调制用的参考波形。选取 $R=1\ \text{k}\Omega,C=100\ \text{nF}$，一阶 RC 滤波的截止频率约 1.6 kHz。在图 14.9 中，读者可以看出死区引起的线电压畸变。

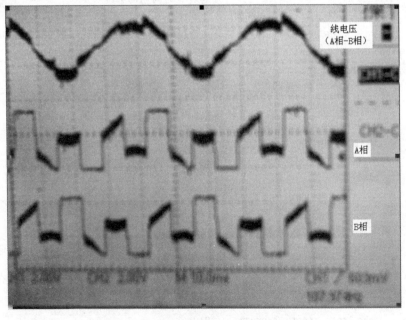

图 14.9　示波器实测 PWM 引脚波形

通过 CCS 中 Time/Frequency 的变量设置,也可以看到仿真波形如图 14.10 所示。

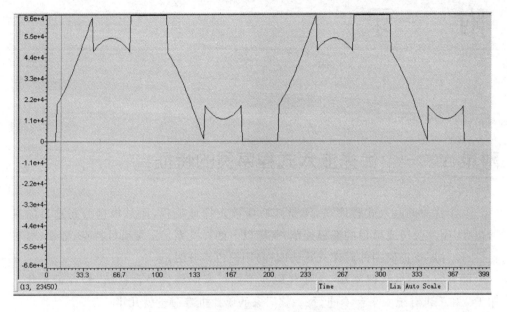

图 14.10　输出频率 50 Hz 的仿真波形

14.4　习　题

(1) SVPWM 中,控制电源共可产生 8 个电压矢量,其中有效矢量有几个?

(2) 三电平的 SVPWM 有几个电压矢量?

(3) 电压是标量,SVPWM 中为什么称为电压矢量?

附　　录

附录 A　一个优秀嵌入式程序员的特征

一个优秀的嵌入式程序员，不是随心所欲发挥地编程，而是根据公司项目的实际出发，制订公司或项目的编程规范，平衡以下四样关系：公司项目特点、效率、可移植性、硬件厂家提供的外设库或算法库(易用但也常升级)。

能制定良好的代码架构，方便代码在不同厂家的硬件平台移植(修改最小化)。跟 PC 和手机有统一平台不同，每一款厂家的单片机寿命也就几年。

编写算法代码时熟练使用标幺值。在定点处理器中，能熟练运用 Q 格式。

能精通 C 语言，从 C51 到 DSP、ARM 等，嵌入式编程进入了泛 C 语言化的时代。程序员最好还能知晓一些面向对象语言，如 C++或 JAVA，灵活吸收其适合小规模程序的思想和技巧。

除了深入 C 语言的细节，一个好的嵌入式 C 语言程序员应该能根据芯片的特点，大约估算出 C 语言可能对应的汇编指令和时间性能。

深入自身专业里的专业知识。专家之所以称为专家，是因为他对研究的具体对象了然于胸。

如果上述的条件都还不具备，不要灰心，只要具备一点就够了：保持良好的学习心态，不断地学习能带来成长感！

附录 B　工程师的思维——面向问题

如同程序有面向对象编程，真正工程师的思维是面向问题的：应该观察发现问题，分析问题，及时解决问题。

工程师未必需要很深的数学功底，或极高的编程水平等，是否需要掌握这些工具，依据所需解决的问题而定。

工程师也是分层次的：合格工程师、优秀工程师、顶级工程师。

1. 合格工程师

一名合格的工程师,要勤学苦练,爱钻研,不懂要多问,强化理论计算,加强动手能力。

如果上述都做不到,恐怕不能算合格了。

绝大部分工程师从事的工作是产品升级,不需要很大的创新。

2. 优秀工程师

优秀的工程师,已经能融会贯通本专业的技术技能,在细节上有大量的积累,经历十年磨一剑,已经有大量心得,有时业内称为技术大拿或技术大咖。

这里不讨论组织管理类能力,比较虚,没有评价标准,在知乎论坛上所有大公司的管理制度,都有人有板有眼地喷。

3. 顶级工程师

顶级的工程师,应该在行业内做出很大的创新,其思维是问题导向的:应该观察发现问题,包括一些熟视无睹的现象,分析问题,及时解决问题。

有些行业确实成熟了,改进余地很小,顶级的工程师最终要避开这类成熟行业,有时要靠很大的运气成分,有时靠名师点拨,不一而足。例如,杨振宁很有判断力地告诫年轻学子:量子物理的盛宴已过(The party is over),不建议物理新学生投入这个行业。

工程师从事的行业有大小之分,工程师的思路都是问题导向,当然专业领域的顶级工程师常常不为大众所知,除非拥有院士之类头衔。

为了解决交流电机的高性能调速问题,西门子工程师 Blaschke 在变频器领域提出著名的矢量控制。不过很显然,这个专业领域不为大众所熟知,事实上,即使专业人员也不是很清楚 Blaschke 情况,网上也没有他的消息,我很好奇地问过西门子的人,没人知道。索性我写邮件询问了其博士导师,其回信说:Blaschke 是个天才工程师,年纪轻轻已经去世了(pass away)。今天,全球近千亿美元产值的变频器行业广泛使用了矢量控制,Blaschke 没有获得什么像样的德国或 IEEE 大奖,但开拓者 Blaschke 依然是一名顶级工程师。

一个超顶级工程师解决问题的故事

伽利略同志作为一个顶级工程师,45 岁时动手改进了望远镜,竟然看到月球表面坑坑洼洼。伽利略也无法说明望远镜原理,在伽利略之前,没有现代科学。

几千年来人们一直理所当然地认为:重物的下落速度要比轻物快。

中学课本里,伽利略在比萨斜塔做过两个铁球同时落地实验。这当然是误传,因为74岁的伽利略认为一个思想实验就能否定几千年的认知错误,所以根本不需要做实验。

伽利略设想:假定大石头下落速度为8,小石头下落速度为4,当两块石头绑在一起,下落快的会被下落慢的拖着而减慢,整个系统的下落速度应该介于中间(比如6);但两块石头绑在一起,整个系统合起来比大石头还重,下落速度更快(比如10)。结论是矛盾的,因此人们一直理所当然地认为是错的。这里并没有用到什么高超的数学,伽利略善于发现问题。

虽然提起思想家几乎都是文史类哲学家人物,但我一直觉得伽利略这种善于发现问题的工程师思维,设计思想实验证明了人类错误观念,其足以跻身最伟大的思想家一列。

一个最近的方舱医院升级问题的构想

本书出版之年(2020),发生了冠状肺炎疫情,武汉投入大量人力物力,建设了16座大型方舱医院。

真正的工程师应该善于观察发现问题:方舱医院不能移动,不能覆盖全国救护,而中国幅员辽阔,任何地方都有可能发生地震或疫情。

也许国家可以考虑:在工厂,改造高铁为方舱快车医院,高铁改造速度快,因为其已经拥有可靠的冷水、热水、电、照明、空调、厕所、门、窗、消防、防雨等设施,把医疗设备、医护人员、病床等快速运输到现场,直接救护。

虽然没有现成资料,作为工程师,仔细思考提出了大型救护的两个原则:

1. 综合互补救援

大型救护是综合救护,各类救护方式优势互补,才能更快速、安全、Robust。

以指挥大型战役为例,调配海军、陆军、空军、火箭军等各军种优势,避其劣势(每个军种都有劣势)。

大型救护模式就是要调配高铁、普通列车、卡车、飞机、帐篷、现场施工临时建筑、军民等各类资源。其中,如果方舱快车医院,能完成大型救护20%~80%比重,都是可以的。大型救护也要因地制宜,美国没有高铁,没有高铁救援,而中国是世界高铁大国。

2. 平时低成本和战时快

平时只保留2辆方舱快车医院。做好样板,平时演练改进。救护时充分利用强大的工业生产能力,快速复制改造、全国调配。救护完毕,恢复高铁火车原样,并不改变原先的动力设施。

类比下现代军队建设,一架军用飞机造价十亿元级,任何国家都无财力配置很多,且技术不断升级。但研制完成后,战时动员大规模工业流水化生产能力,应对战时超大消耗量。

即使对于大型救护这类很少发生的事情,也是有很多问题可以思索,有赖于国家组织各部委来完善。

希望在中国的工程界,无论电子工程师、软件工程师、机械工程师、电气工程师、建筑工程师,或任何方面的工程师,都能欲穷千里目,更上一层楼!

参考文献

[1] TI 资料：www. ti. com.

[2] ST 资料：www. st. com.

[3] ARM 资料：www. arm. com.

[4] Keil 资料：www. keil. com.

[5] 于振宇，Space-Vector PWM With TMS320C24x/F24x Using Hardware and Software Determined Switching Patterns

[6] 张雄伟. DSP 芯片的原理与开发应用[M]. 北京：电子工业出版社，2003.

[7] 姚文祥. ARM Cortex – M3 与 Cortex – M4 权威指南[M]. 北京：清华大学出版社，2015.